新时代大学计算机通识教育教材

赵宏 主编

闫晓玉 王恺 王刚 编著

Python程序设计基础
——思维、认知与创新

U0386795

清华大学出版社
北京

内 容 简 介

在智能化时代背景下,教育重心已由"知识＋能力"向"能力＋认知"进行偏移,以 Python 程序设计为媒介,构建学习者"问题逻辑认知模式"、提升解决问题和创新能力是本书的重要目标。全书将要完成一个虚拟的高考平行志愿录取任务,主要包括设计解决问题的方案、获取高考原始成绩数据、成绩赋分及确定考生位次、简易平行志愿填报系统、简易平行志愿录取系统和简易录取结果查询系统等子任务。通过对子任务提出要解决的问题、探索问题本质、学习解决问题的方法、对问题进行求解以及对求解情况进行评价和反思 5 个环节,使读者始终沁润在为解决问题而进行学习和探索的氛围中。读者不仅围绕解决一个又一个问题的需要而开展学习,逐渐收获"Python 程序设计基础"之鱼(知识),还掌握了如何获得鱼之渔(能力),更重要的是构建起了问题逻辑认知模式(认知思维)。读者在"能力＋认知"方面的训练和形成,为智能化时代下的创新做好了思维的准备,在 Python 方面收获的"渔"和"鱼",为后续的大数据分析、AI 模型的学习和使用等打下坚实的基础。

本书适合各类高等学校文理科学生,特别是"四新"专业学生对 Python 语言的学习和解决问题思维的养成,也适合社会上有此类需求的读者学习。

图书在版编目(CIP)数据

Python 程序设计基础:思维、认知与创新/赵宏主编;闫晓玉,王恺,王刚编著. --北京:清华大学出版社,2024.8. -- (新时代大学计算机通识教育教材).
ISBN 978-7-302-66805-3

Ⅰ. TP311.561
中国国家版本馆 CIP 数据核字第 20243UN518 号

责任编辑:张瑞庆
封面设计:常雪影
责任校对:李建庄
责任印制:刘 菲

出版发行:清华大学出版社
  网   址:https://www.tup.com.cn,https://www.wqxuetang.com
  地   址:北京清华大学学研大厦 A 座   邮 编:100084
  社 总 机:010-83470000   邮 购:010-62786544
  投稿与读者服务:010-62776969,c-service@tup.tsinghua.edu.cn
  质量反馈:010-62772015,zhiliang@tup.tsinghua.edu.cn
  课件下载:https://www.tup.com.cn,010-83470236
印 装 者:三河市铭诚印务有限公司
经   销:全国新华书店
开   本:185mm×260mm   印   张:12.25   字   数:297 千字
版   次:2024 年 8 月第 1 版   印   次:2024 年 8 月第 1 次印刷
定   价:39.90 元

产品编号:107591-01

前　言

　　2022 年底 ChatGPT 的横空出世和 2024 年 2 月发布的火爆全球的 Sora,标志着人类已经开始步入智能化时代,给人类以往的所有领域带来冲击和变革。冲击和变革最终将发生在人类理解世界的方式上,以及人类在世界所扮演的角色上。人类过去从来没有感受到如此巨大的威胁,甚至担心将被自己创造的力量操控。全世界的产业结构和产业生态可能都面临重塑,人类社会可能面临颠覆性变革。可以预见的趋势是,可以约定的事、相对稳定的事、能标准化的事都会被 AI 替代。

　　未来教育因这强大的智能化面临巨大冲击和挑战,教育已成为智能化时代背景下变革的核心。"二十大"强调要推动人工智能和教育深度融合,促进教育变革创新。AI 将在什么样的广度和深度上影响教育? 未来的教育将会是什么样的? 教育工作者将如何迎接挑战、适应变革? 这些都是当下需要重点关注和研究的课题。

　　教育部前任部长陈宝生在《ChatGPT:教育的未来和未来的教育》一文中指出:未来教育因为强大的智能化将面临巨大冲击,未来教育要坚定对人之为人的本质规律认识,未来教育要解答智能化给人类带来的时代之问;教育是传道的,各种学科都是讲道的,讲的都是自然演进的道,是社会发展的道,是工具理性的道,是文化传承的道。那么,无论时代如何变迁、技术如何发展,人类的教育教学之道又是什么呢?

　　"为学日益,为道日损。损之又损,以至于无为,无为而无不为。"(《道德经·第四十八章》)。老子认为学习是积累知识、提升自我的过程;而修道则是净化心灵、回归本真的过程。通过不断地学习和修道,人们可以逐渐提升自己的境界和能力,达到"无为而无不为"的高度。在智能化时代,人类更应该顺应自然、洞察先机,从而在行事中表现出高度的智慧和效能。于教育学科而言,真正的"有效"教育既非灌输浩如烟海的知识,也非追求教学手段的形式创新,而是在抽丝剥茧后回归人类学习的自然之道,即学习的本质逻辑是解决问题,这里的问题包括科学、社会、个人心性成长和生活工作中的各种问题。

　　"钱学森之问"还没有得到有效回答,我国大学生仍然普遍缺乏解决问题的能力和创新能力,其症结就在于普通教育阶段延续至大学在学生大脑中形成的"知识逻辑认知模式"。这种认知模式,使得学生更关注以成绩为表征的知识积累,忽略了人类学习的本质是为了解决问题。学生所掌握的大部分知识仅停留在书本上和卷面上,是概念、公式、原理、案例或道理。知识不一定能给我们带来认知能力,而认知能力必然包含有效的知识,这部分有效的知识能帮助我们判断、选择、行动、改变和解决世界问题。在智能化时代下,当几千年积累的知识已经被大模型记住的时候,人类最需要改变的就是对"知识"的渴望与崇拜,更应该去提升洞察世界的思维、智慧和能力。

　　布卢姆教育目标是美国教育的核心支柱之一,被认为解决了教育方面一个核心问题:

到底要教育孩子什么方面的知识和能力？自 1956 年以来，布卢姆教育目标分类学(Bloom's taxonomy of educational objectives)产生了巨大的影响，至少被译成 22 种文字。2001 年修订的布卢姆认知目标分类的二维框架包括了从具体到抽象的 4 种知识(事实、概念、程序和元认知)和从低级到高级的 6 个认知过程(记忆、理解、应用、分析、评价和创造)，总计 30 个具体类别。4 种知识中的事实性知识、概念性知识容易理解。程序性知识是"如何做事的知识"，即采用一组有序的步骤(统称为"程序")的知识，包括技能、算法、技巧和方法等。元认知知识则是关于一般的认知知识和自我认知，不同的研究者对它有不同的术语(元认知意识、自我意识、自我反思、自我调节等)，强调的都是元认知知识在学习者成长以及发挥其主动性中的地位。6 个认知过程更应该解释为对一个领域或问题的 6 个认知阶段或认知水平。记忆和理解不言自明。应用是运用程序性知识去解决问题，包括有已知程序的任务(称为执行)，或需要在理解了概念性知识的基础上找到一种程序去解决问题的任务(称为实施)。分析是指将材料分解为其组成部分，并且确定这些部分是如何相互关联的，包括区分、组织和归宿，可以看成理解的扩展，或评价和创造的前奏。评价是依据准则和标准做出判断，包括对内在一致性判断的核查和基于外部标准进行判断的评判。创造是从多种来源抽取不同的要素整合为一个新颖的结构或范型。创新过程分为三个阶段：①问题表征阶段，理解问题并形成可能的解决方案；②解决方案的计划阶段；③解决方案的执行阶段。

教育面向大众，传统教育的重心是让更多的人能够获得知识，有能力去解决日常问题，只有少数人能够参与创新与创造，即传统教育目标的重心是"知识＋能力"。然而，大数据、元宇宙、AI 等新技术的发展，特别是 GPT 系列模型、讯飞星火、通义千问、文心一言等大语言模型的问世，使人类进入了知识贬值、创新升值的时代。人类对于事实性、概念性和程序性知识的获取变得越来越容易，对于已有问题也能快速得到求解方法。面对新技术和 AI 的发展对教育带来的巨大挑战，教育目标必须发生改变才能不落后于时代的发展。很明显，当几乎所有人都可以很容易获得知识的时候，教育目标的重心就自然向更高层偏移，即向"能力＋认知"偏移，提升认知、实现创新将成为教育的主要目标。

本书是基于上述认知编写的适应智能化时代下教育规律的新形态教材。创新是智能化时代下的教育主题。作者在研究了传统的以知识传递为主要教学目标的教学过程，提出了传统教学构建的是学生的"知识逻辑认知模式"，由于直接告诉结果，存在缺少知识联系生活、理论联系实际的先天缺陷，很难培养学生的应用之道，更不要说创新之道。高等教育要培养能够探索未知、解决问题的创新性人才。从脑科学的视角出发，就必须要将某种不同于传统的模型植入学生最深层的大脑中，使之成为大学生认识世界、探索未知的一种认知模式，我们将其命名为"问题逻辑认知模式"。这种认知模式包括如何应用已有知识、如何探索解决问题的实践性知识以及如何发现新知识等综合能力，而它的形成必须通过大量问题导向的训练才可以做到。因此，提出了基于问题逻辑认知模式的成果导向教育(Outcome Based Education of Problem Oriented Thinking，POT-OBE)，通过为解决问题和探索未知而进行的一系列学习活动，在构建学生问题逻辑认知模式的过程中，使他们逐步具备能够探索未知、解决问题的能力和创新能力，有能力去应对智能化时代的各种挑战。

智能化时代最大特点是学科融合，将新技术与传统学科融合，从新的视角发现和解决各领域中的问题，AI 和大数据等新技术的运用已经成为人才的标配。虽然"四新"专业已经提出了很多年，但无论老师还是学生都没有做好充分准备，我国很多高校仍然存在这类课程教师开课难和学生学习难的问题。因此,作者专门编写了两本满足此类需求的通识基础教材,《Python 程序设计基础——思维、认知和创新》和《数据分析入门——思维、认知和创新》,并同步建设了两门课程,为读者在智能化时代步入应用新技术解决问题和创新的大门提供必要的敲门砖,做好能力和认知的准备,构建起创新与 AI 之桥梁。

两本教材的统一特色如下。

(1) 迎接 AI 挑战:聚焦智能化时代下解决问题、探索未知、创新思维的认知模式养成。

(2) 非系统的学科知识的积累逻辑:基于 POT-OBE 教育理念,聚焦探索的过程,通过从发现问题到求解问题全过程的探索路径,不但完成问题的求解,还学习、掌握并能运用的知识和方法。

(3) 教材与课程同步:同步建设了课程及教材以外的资源,满足当下高校对课程及教材的需要。

- 教师容易开课:理念创新、资源完整、思维升级、聚焦引领、两性一度;
- 学生容易学习:问题驱动、平台支撑、认知觉醒、聚焦能力、内化创新。

(4) 增加 AI 助学环节,帮助学生养成在 AI 帮助下学习、解决问题并进行创新的习惯。

本书是两本教材的第一本——《Python 程序设计基础——思维、认知与创新》。全书围绕完成一个虚拟的高考平行志愿录取任务,引导学生基于问题进行探索,同时得到基本的 Python 编程能力的训练。通过对一个个子任务“提出需要解决的问题”“探索问题本质”“学习解决问题的方法”“对问题进行实际求解”“对求解情况进行评价和反思”5 个环节,使读者始终沁润在为解决问题而进行学习和探索的氛围中。

本书共 7 章:

第 1 章介绍理念、目标与全书要完成的任务,了解将要用到的工具 Python 语言及其运行环境;

第 2 章设计“平行志愿录取问题”的解决方案,学习描述算法的工具及 Python 基础语法;

第 3 章解决无法获取高考数据的问题,基于完成任务的需要,学习 Python 的字符串、列表、for 循环、pandas 和文件等知识;

第 4 章解决成绩赋分及确定考生位次的问题,基于完成任务的需要,学习 Python 中的 pandas 处理数据的部分函数、if 语句和函数等知识;

第 5 章解决平行志愿填报问题,基于完成任务的需要,学习 Python 中的字典、while 循环及跳转语句、变量的作用域、模糊查询、异常处理等知识;

第 6 章解决平行志愿录取问题,基于完成任务的需要,学习 Python 中多人协同开发程序的方法;

第 7 章解决志愿录取结果查询的问题,基于完成任务的需要,学习如何使用 Python 进行简单的数据分析及可视化。

同步建设的课程在南开大学已经面向工商和经管类学生进行了一学期的教学实践。在教学过程中,基于让 Python 初学者“学会驾驶汽车而不是制造汽车”的逻辑,直接使用了有统一编程环境、计算资源和支撑教学管理的和鲸(ModelWhale)平台,将学生从安装 Python 环境和包的工作中抽离出来,直接站在巨人的肩膀上,忽略造车细节,聚焦开车思维和能力的训练。选课学生普遍认为:课程使他们形成了一种不同以往的思维方式,提升了解决实际问题的能力、团队协作能力和表达能力；感觉到知识不只是应试，更是解决生活中一个又一个难题的钥匙；教学过程让他们能够更清晰、更有逻辑地思考问题，追本溯源，不再被复杂的现象所迷惑。

　　本书作者来自南开大学计算机学院，赵宏教授和闫晓玉老师编写了全书的初稿；南开大学两位助教曾仕杰和陈美齐参与了部分问题的设计和代码初稿的编写，助教制作了 PPT 初稿；王恺教授负责书中教学视频的录制；王刚副教授对全书代码进行了测试和验证；赵宏教授对全书进行了系统编撰。本书还得到了清华大学出版社张瑞庆编审的大力支持，在此表示真诚感谢。

　　面对 AI 对教育、教学和课堂的冲击和挑战，积极拥抱 AI，主动寻变是本书的宗旨。由于作者对 AI 背景下教育教学问题的认识和把握还存在偏差，以及自身能力的限制，书中会有不足甚至错误之处，恳请读者指正。

作　者

2024 年 3 月 28 日于南开园

目　录

第1章　准　备

——目标与任务、Python 语言及其运行环境

> **本章使命**
>
> 了解"四新"专业为什么要学习程序设计的基本逻辑和方法;了解一种围绕解决问题而开展学习的认知模式——问题逻辑认知模式;了解以提升认知为主要目标的学习范式 5E;知道本书的目标——构建问题逻辑认知模式和最终要完成的任务;对 Python 语言及其运行环境的下载、安装和程序的运行有初步的了解。 同时,提出自己感兴趣的话题或问题。

1.1　数字化、智能化时代下的程序设计

1.1.1　人类已步入智能化时代

　　人类社会经历了农耕时代、工业时代,现已进入数字时代。随着 ChatGPT 4.0((2023 年 3 月 14 日发布)10 秒完成一个网站)以及 Sora((2024 年 2 月 15 日发布)可以深度模拟真实物理世界)这些人工智能(AI)技术的进展,人类已经步入智能化时代。全世界的产业结构和产业生态可能都面临重塑,人类社会可能面临颠覆性变革。未来教育更因这强大的智能化面临着巨大冲击和挑战。习近平总书记在党的二十大报告中指出,全面建设社会主义现代化国家,是一项伟大而艰巨的事业,前途光明,任重道远。全面建设社会主义现代化国家、全面推进中华民族伟大复兴,科技是关键,人才是根本,教育是基础。放眼全球,面对世界新一轮科技革命和产业变革的迅猛发展,创造力和创新力的培养是保持领先的关键,而创造力和创新力的培养要依靠教育。

　　教育已成为智能化时代背景下变革的核心。研究新技术对教育带来的变化趋势,探究智能化时代下教育的特征,发现如何使受教育者能够实现在新技术助力下对问题的高效求解规律,是当下教育面临的根本问题和重要挑战。

　　2024 年 3 月,在一家名为 Cognition 的初创公司中诞生了地球上首位 AI 软件工程师 Devin,继 Sora 之后再次惊艳整个 AI 世界。Devin 能自主学习不熟悉的技术,并自动展开

云端部署、底层代码,修改 bug,训练和微调 AI 模型等活动。Devin 的诞生被认为将是真正无代码未来的开始。那么我们为什么还要学习程序设计课程?

在数字化、智能化时代,传统学科正在发生着改变,不断融合大数据、人工智能等新技术和新方法。目前,以大数据、人工智能为代表的与计算相关的新技术不仅涉及数理化、工程、研发等专业领域,而且已经融入诸如心理学、法学、哲学、文学、旅游、经济、管理、医疗、农业等多个领域,在其他学科原本的科学内容和科学理念的基础上,利用计算机相关的先进技术更高效、更精确地进行问题求解,真正实现学科交叉和学科融合。

《教育部高等教育司 2021 年工作要点》指出,将深入推进"新工科""新医科""新农科""新文科"建设,促进"四新"交叉融合,提升国家硬实力、全民健康力、生态成长力和文化影响力。"四新"专业的概念与传统意义不同,它的特殊性在于突破学科壁垒,将新技术与传统学科专业有机融合,以培养具有科学思维和创新思维的新时代人才。随着新技术的发展与应用,对数据的发现、分析和处理方式,为传统学科带来了新的研究思路和研究方法。基于程序设计、大数据采集、分析和处理、机器学习、知识图谱等新技术的问题研究都已成为各学科的研究重点。随着 AI 技术的发展,目前 AI 的智能学科,如智能交通、智能制造、智能法学、智能社会学、智能伦理学、智能教育学等,都将成为新兴学科专业的重要组成部分。

"四新"专业的一个重要任务是来自不同学科的科学思维的培养包括逻辑思维、实证思维、计算思维与数据思维。因此,"四新"专业需要更多基于第一性原理把握问题本质的素养训练,需要更多思维能力的培养,需要更多数据处理能力的训练,需要更多让 AI 工具助力解决问题能力的训练。新技术,如 AI、大数据等都需要通过计算机处理数据来实现,程序设计是实现这些素养和能力培养的桥梁和最好工具。

1.1.2 逻辑思维、实证思维、计算思维与数据思维

逻辑思维、实证思维是人们最为熟悉的、也是最传统的思维方式。计算思维和数据思维则是随着计算机技术和数据分析技术的发展,在近十几年被提出和引起重视的。

1.1.2.1 逻辑思维

以推理和演算为特征的逻辑思维,是以数学学科为代表,对自然现象(人工现象)进行数学抽象,即采用建模方法,将问题逻辑化为一个推理系统,可以进行由特殊到一般的推理。逻辑思维要通过数学这个体系表达。

【例 1-1】 在一幅长 90cm、宽 40cm 的风景画的四周外围镶上一条宽度相同的金色纸边,制成一幅挂图,如果要求风景画的面积是整个挂图面积的 72%,那么金色纸边的宽度应为多少?

例 1-1 中的问题可用图 1-1 表示,图中的 X 是要找到的金色纸边的宽度。

根据问题描述,求金色纸边宽度 X 的逻辑推理过程如下:

(1) 数学建模。

① 风景画面积 $= 90\text{cm} \times 40\text{cm} = 3600\text{cm}^2$

② 整个挂图面积 $= (90+2X)\text{cm} \times (40+2X)\text{cm} = 3600\text{cm}^2 + 260X\text{cm}^2 + 4X^2\text{cm}^2$

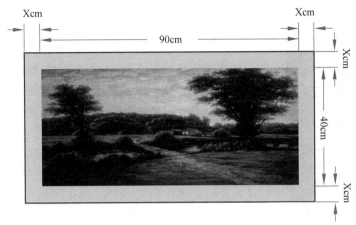

图 1-1　例 1-1 问题示意图

③ 由于整个挂图面积的 72％是风景画面积,有

$$(3600＋260X＋4X^2)×72\%＝3600$$
$$4X^2＋260X－1400＝0$$
$$X^2＋65X－350＝0$$

（2）数学求解。

$$X^2＋65X－350＝0$$
$$(X－5)(X＋70)＝0$$
$$X＝5 \text{ 和 } X＝－70(舍)$$

（3）根据题意,金色纸边的宽度只能是正值,因此 X＝5cm。

问题通过逻辑推理及数学计算得到求解。

1.1.2.2　实证思维

以观察和总结自然规律为特征的实证思维是以物理学为代表,是对于自然现象(人工现象)的物理抽象,是将问题单纯化为一个实验验证体系。实证思维是对自然现象的描述论证和系统归类,要通过物理这个形态体系表达。以实验为基础的学科有物理、化学、地学、天文学、生物学、医学、农业科学、冶金、机械,以及由此派生的众多学科。

【**例 1-2**】　伽利略的比萨斜塔自由落体实验。

16 世纪以前,希腊最著名的思想家和哲学家亚里士多德是第一个研究物理现象的科学巨人,他的《物理学》一书是世界上最早的物理学专著。亚里士多德在研究物理学时并不依靠实验,而是从原始的直接经验出发,用哲学思辨代替科学实验。亚里士多德认为每一个物体都有回到自然位置的特性,物体回到自然位置的运动就是自然运动。这种运动取决于物体的本性,不需要外部的作用。自由落体是典型的自然运动,物体越重,回到自然位置的倾向越大,因而在自由落体运动中,物体越重则下落越快,物体越轻则下落越慢。

伽利略(1564—1642)是近代自然科学的奠基者,是科学史上第一位现代意义上的科学家。他 25 岁时大胆地向亚里士多德的观点挑战。伽利略设想了一个理想实验:让一个重物体和一个轻物体连接在一起同时下落。按照亚里士多德的观点,这一理想实验将会得到

图 1-2 伽利略的比萨斜塔自
由落体实验示意图

两个结论。首先,由于这一连接,重物受到轻物的牵连与阻碍,下落速度将会减慢,下落时间将会延长;其次,也由于这一连接,连接体的重量之和大于原重物体,因而下落时间会更短。显然这是两个截然相反的结论。伽利略利用理想实验和科学推理巧妙地揭示了亚里士多德运动理论的内在矛盾,打开了亚里士多德运动理论的缺口,导致了物理学的真正诞生。

1590 年,伽利略在比萨斜塔上做了"两个铁球同时落地"的实验,这个被科学界誉为"比萨斜塔试验"得出了重量不同的两个铁球同时落地的结论,从此推翻了亚里士多德"物体下落速度和重量成比例"的学说,纠正了这个持续了 1900 多年之久的错误结论。"比萨斜塔试验"作为自然科学实例,为实践是检验真理的唯一标准提供了一个生动的例证。

伽利略首先为自然科学创立了两个研究法则:观察实验和量化方法,创立了实验和数学相结合、真实实验和理想实验相结合的方法,从而创造了和以往不同的近代科学研究方法,使近代物理学从此走上了以实验精确观测为基础的道路。爱因斯坦高度评价道:"伽利略的发现以及他所应用的科学推理方法是人类思想史上最伟大的成就之一。"

1.1.2.3 计算思维

计算思维是运用计算机科学的基础概念进行问题求解、系统设计以及人类行为理解等涵盖计算机科学之广度的一系列思维活动。计算思维关注的是人类思维中有关可行性、可构造性和可评价性的部分,是用计算机模拟复杂现象的思维。所谓计算思维,就是不同于人的思维方式,是计算机的思维方式。一个人如果能站在计算机的角度想问题,就掌握了计算思维。

【例 1-3】 用重要的计算思维之递归思想求 n!。

假设 n=5,则

$$5!=1\times2\times3\times4\times5$$

在我们的生活中,如果求 n!,非常自然地会采用这种做法:从 1 乘到 n。

计算思维中的递归思想是把这一过程倒过来。同样要计算 5!,先假定 4! 已知,则

$$5!=4!\times5$$

采用同样的方法,计算 4!、3!、2! 和 1!,直到 1!=1 时,就不再往下扩展了,倒推回所有结果。从 1!、2! 已知倒推回 5!。

图 1-3 是 5! 的递归求解过程。

也许读者要问,n! 问题,从 1 乘到 n 就解决了,为什么要倒着计算呢?事实上,很多问题倒着想,才能想明白。请看下面这个例子。

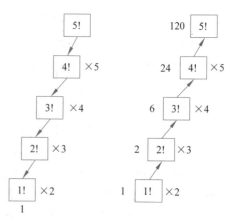

(a) 自顶向下递的过程　　(b) 自底向上归的过程

图 1-3 递归求解 5! 的过程

【例 1-4】　抢 20 游戏。两个人,第一个人先从 1 和 2 中选一个数字,第二个人在第一个人的数的基础上选择加 1 或加 2。随后两个人轮流在总数上加 1 或加 2,谁先将总数加到 20,谁就赢。

对于这个问题,从小往大想,很难通过列举出各种情况来解决。

下面,倒过来想问题。要想先抢到 20,就需要先抢到 17,因为你如果抢到 17,对方无论选择加 1 或加 2,你都能赢。要抢到 17,你就要先抢到 14,以此类推,你必须先抢到 11、8、5、2。因此,问题的解就是你只要先选择 2 就肯定赢了。如果抢 50,抢 100 的游戏,都可以这样玩。这就是计算思维中递归的思想。

1.1.2.4　数据思维

数据思维就是运用计算机对数据进行获取、处理、存储和分析,从数据中发现规律并基于数据进行决策的思维方式。数据思维与大数据、IT 技术和 AI 技术相关。简而言之,数据思维就是用数据思考,用数据说话,用数据决策。

（1）用数据思考:就是要实事求是,坚持以数据为基础进行理性思考。

（2）用数据说话:就是要在输出结论时尽量减少"大概""可能""差不多"的词,而以数据为依据,进行合乎逻辑的推论。

（3）用数据决策:就是要以事实为基础,以数据为依据,通过数据的关联分析、预测分析和事实推理得出结论,避免以往凭经验和直觉做出情绪化的决策。

在日常生活中,每一次网购,每一次搜索,每一次翻看新闻,每一条社交网络中的信息,都在生成着大数据。大数据已经渗透到了人们生活的方方面面,改变了人们看世界的方式,同时也为各个行业带来了深刻的影响。大数据的应用广泛,涵盖了社会经济生活的方方面面。在医疗健康领域:通过分析大量的病例数据,可以预测疾病的趋势,优化诊疗方案,甚至在早期阶段就可以发现患者的健康问题。人工智能和机器学习技术的发展,使得这种预测能力越来越精确。在商业决策领域:商家可以通过消费者行为数据,制定更精准的营销策略和产品开发方向。例如,亚马逊和 Netflix 就通过用户的浏览和购买记录,为用户推荐他们可能感兴趣的产品和电影。在公共服务领域:政府可以利用大数据分析社会问题,优化公共服务,提高行政效率。例如,通过分析交通数据,可以优化交通路线,减少拥堵;通过分析环境数据,可以预测并应对各种环境问题。

【例 1-5】　一个基于数据的精准营销案例。

2012 年,《纽约时报》的一篇文章讲述了企业可以如何利用手中的数据趣闻。美国一名男子闯入他家附近的一家美国零售连锁超市 Target 店铺(美国第三大零售商)进行抗议:"你们竟然给我 17 岁的女儿发婴儿尿片和童车的优惠券。"店铺经理立刻向这位父亲承认错误。一个月后,这位父亲来道歉,因为这时他才知道他的女儿的确怀孕了。其实"发婴儿尿片和童车的优惠券"的行为是总公司运行数据挖掘的结果,Target 比这位父亲知道他女儿怀孕的时间足足早了一个月。

Target 从 Target 的数据仓库中挖掘出 25 项与怀孕高度相关的商品,比如他们发现女性会在怀孕 4 个月左右,大量购买无香味乳液,制作"怀孕预测"指数。以此为依据,通过分析女性客户购买记录"猜出"哪些是孕妇,推算出预产期后,就抢先一步将孕妇装、婴儿床等折扣券寄给客户来吸引客户购买。

如果不是在拥有海量的用户交易数据基础上实施数据挖掘,如果没有用数据说话和决策的思维,Target 不可能做到如此精准的营销。

1.1.3 程序设计与科学思维

逻辑思维、实证思维、计算思维和数据思维虽然各自有各自的特点,但随着计算机技术融入各学科,可以说,各类科学思维已彼此融合,单一类型的思维模式已不存在。学习程序设计和编程,不但可以掌握计算机高级语言的基本语法,更重要的是能够通过程序设计训练培养学生的各种科学思维,计算机程序设计可以作为走向各科学思维的桥梁。

1.1.3.1 程序设计与逻辑思维

在程序设计中,逻辑思维是非常重要的能力。因为程序设计本质上是一种将问题转化为计算机可以理解的语言的过程,而这个过程需要严格的逻辑思维来指导和支撑。下面将从分析问题、编写代码和推理三方面介绍程序设计中的逻辑思维。

(1)分析问题和设计算法:程序设计首先就是遇到需求或问题后,运用逻辑思维,通过分析问题,找出解决问题的方法和步骤。如例 1-1 是程序设计的第一步,即设计算法,给出求解问题的步骤。

(2)编写代码:逻辑思维需要能够将抽象的思维转化为具体的代码语言,并对代码的每个环节进行详细的逻辑推理。在编写代码的过程中,需要考虑变量的赋值、控制流程的处理、循环的实现、条件的判断、异常的处理等多个因素,需要严格的逻辑思维来保证程序的正确性和效率。

(3)推理:程序设计中经常需要进行推理,找出各种问题的根本原因和逻辑关系。例如,当程序出现错误时,需要运用逻辑思维来分析代码的执行过程,并找到出错的环节。

因此,一方面程序设计需要逻辑思维;另一方面逻辑思维可以在不断的程序设计过程中得到训练。

1.1.3.2 程序设计与实证思维

计算机已融入各学科,运用计算机进行数值模拟的仿真实验越来越多地得到应用,并且已成为重要研究方向和实验手段。仿真实验可以简单地理解为用计算机来做实验,目的是通过模拟实验验证规律。这个规律既可以是自然界的,还可以是关于人类社会的。

仿真实验是实证思维与计算思维的结合,所涉及的实验既需要进行实验设计,也需要通过编程实现计算机对实验的模拟。实验中各种条件的控制、大量的实验数据的采集以及分析都需要通过程序设计来完成。仿真实验作为一种新的探索和发现规律的方法,实验设计和程序设计紧密相连,不可或缺。

1.1.3.3 程序设计与计算思维

培养计算思维是为了培养一种全新的、适用于未来社会发展所面临的计算环境的思维方式,以便具备完整的现代信息意识和信息素养,理解现代计算技术和计算环境与相关科学、技术、医学、人文等其他学科之间的关系,在意识层面、思维层面、创新层面具有利用现代计算技术应对各种社会问题和技术问题发现问题和解决问题的综合能力。而建立这样一个与计算实践密切相关的思想方法,必然离不开计算实践。

计算思维不是程序设计实践,它是一种源于计算实践,但高于每一个具体计算实践的思维方式,是可以适用于运用现代计算技术和计算环境分析问题和解决问题的思维工具。但是要掌握计算思维必须通过学习程序设计,不断地积累感性经验,从而逐渐具有这一与计算实践紧密相关的思想方法。因此,程序设计实践不是简单的学写代码,而是计算思维养成教育的基本手段,是感性知识升华为理论知识的基础,是培养计算思维的必由和唯一之路。

1.1.3.4　程序设计与数据思维

在当前的大数据时代背景下,用数据思考、用数据说话、用数据决策的数据思维方式,在科学研究、行业和日常生活中占据越来越重要的地位。一个大的发展趋势就是更多的程序设计任务开始聚焦于数据的价值化。

目前很多平台和工具的出现,使得使用机器学习,含深度学习进行数据分析已经比较容易上手了,对程序设计中代码能力的要求也越来越低。但程序设计仍然是在平台或工具上进行数据分析和处理的必要过程,与计算思维培养类似,数据思维的培养必须经过不断地数据分析和处理的实践才能做到。因此,程序设计实践也是数据思维养成教育的基本手段,是感性知识升华为理论知识的基础,是培养数据思维的必由之路。

1.2　问题逻辑认知模式及 POT-OBE

人的行为是由大脑指挥的。在后天不断地学习过程中,会有一个又一个的模式被固化到头脑中,人对很多事能够快速产生行动,就是这些模式在起作用。这就是为什么人们学会了骑自行车后,再坐到自行车上就可以骑走,不需从头再学习。同样,人类学习新知识的模式在经过若干年的学习实践后也会被固化在大脑中,并且在未来学习中发挥作用。

1.2.1　人脑及人的认知过程

1.2.1.1　人脑

构成人类大脑的基本单位是神经元(neuron)。神经元具有独特的形态和生理学特性,是人脑基本的信息传递和处理单位。一个神经元是由细胞体(cell body)、树突(dendrite)、轴突(axon)三部分构成的,基本结构如图 1-4 所示。

(1) 细胞体:是神经元的主体,由细胞核、细胞质和细胞膜三部分构成,负责大脑中信息的加工。

(2) 树突:是由细胞体伸出的较短而分支多的神经纤维。树突负责接收其他神经元传入的信息,具体接收部位是突触(synapse),因此树突也被称为突触后(post-synaptic)。

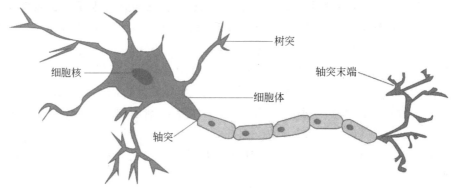

图 1-4 人脑神经元结构示意图

（3）轴突：是由细胞体伸出的一条神经纤维。轴突负责将信息传出神经元，也被称为突触前（pre-synaptic）。轴突可以向多个神经元传出信号。

人脑大约有 1.4×10^{11} 个神经元，每个神经元通过约 $10^3 \sim 10^5$ 个突触与其他多个神经元连接形成庞大而复杂的神经网络，即生物神经网络。

1.2.1.2 人脑智力的形成过程

神经元一般有两种状态，即兴奋（激活）状态和抑制（非激活）状态，当神经元细胞处于激活状态时，会发出电脉冲。电脉冲会沿着轴突和突触传递到其他神经元。生物神经网络中各神经元之间连接的强弱会随着外部刺激信号发生变化，每个神经元会综合按照接收到的多个刺激信号呈现出激活或非激活状态。每个神经元都是复杂神经网络的一个元件，这些神经网络发挥着多种信息处理功能，包括感知和行为控制等。

神经网络的连接方式是可以通过不断的学习来丰富的，智力就是通过增加不同的连接方式来提高的。每当人们学习新东西时就会形成新的突触，如果不重复练习新的突触就将消失。只有当人们不断地重复练习，突触才会长久存在。因此，人们学习游泳、跳舞，学习外语、数学等，如果只讲解动作要领、基本原理是没有用的，需要不断地重复练习，当形成的突触长久存在于大脑后，人们就不再忘记了。

1.2.1.3 受人脑启发的人工神经网络

人工神经网络的构建和研究受到了人类大脑的启发。人脑是自然界最复杂的神经网络之一，它具有高度的并行性、适应性和学习能力。构建人工神经网络模型就是尝试模拟人脑的基本工作原理，从而更好地理解人类大脑的运行机制。通过对人工神经网络的研究，可以深入探索一些基本的认知和学习过程。人工神经网络的训练和学习算法，提供了一种方法来理解信息的传递、特征提取和决策过程。通过观察和分析人工神经网络的行为，可以研究人类大脑中类似的认知过程，揭示人类思维和行为的机制。

同时，对人类大脑的研究和理解，可以为人工神经网络的设计和改进提供灵感和指导。人脑具有许多独有的特征和优势，如神经可塑性、分层抽象和感知与行动的紧密耦合等。借鉴这些特点，可以改进人工神经网络的结构、学习算法和适应性能力，使其更接近人类大脑的表现和功能。

人工神经网络的构建和研究受到人类大脑的启发，帮助我们理解大脑的基本机制。同时,对人类大脑的研究和理解也为人工神经网络的设计和改进提供了重要的指导和灵感。这种相互促进的关系,推动着深入探索人自身奥秘的进程,进一步推动了神经科学和人工智能领域的发展。

1.2.2　"知识逻辑认知模式"与"问题逻辑认知模式"

大脑的学习过程就是神经元之间连接接收外部刺激相应地做出自适应变化的过程,各神经元所处状态的整体情况决定了大脑处理信息的结果。在人类的后天生活里,就是通过不断地"重复"(如经验、秩序、练习、学习、从众心理等),把一个个需要的模型内置到大脑神经元里面,未来就可以用该模型快速地解读世界。

20 世纪 80 年代,密歇根州立大学的语言学学者 Susan Gass 在对二语习得理论的研究中,结合社会语言学、心理语言学和语言学领域的研究成果,集成已有理论提出了 IIO 三段模型。在该模型中,Gass 将语言从学习到运用的过程概括为输入(Input)、内化(Intake)和产出(Output)三阶段。二语习得研究关注人在学习语言的过程中心理状态和大脑机制产生的变化,与认知科学、神经科学密不可分,其成果对认知模式的研究具有重要参考价值。

人类的学习行为是获取信息,然后对信息进行加工,从而获得新的理解、知识、行为、技能、价值观、态度和偏好的过程。认知模式则是指人类如何学习,即如何对信息进行获取、处理的模式。学生在长期的学习过程中形成的认知模式同样固化于大脑中,学生未来的学习会自动运用该模式。

1.2.2.1　知识逻辑认知模式

在我国幼儿园、小学、中学阶段以及高等教育教学中占据主导地位学习方式的是来自书本的事实性知识的传递,采用的是接受式学习模式,即由教师单向传授知识、学生反复记忆,练习和考查的是学生是否记住所学知识的解释性意义。在此,将这种认知模式命名为"知识逻辑认知模式"。

基于"知识逻辑认知模式"的教学是最传统的教学方式,这种教学方式强调知识的系统性,将完成知识传授作为基本的教学目标,在学生大脑中植入的是"类比性思维"的认知模式。在基础教育阶段,"知识逻辑认知模式"为学生积累知识打下了良好的基础。表 1-1 是"知识逻辑认知模式"的 IIO 三段模型。

表 1-1　"知识逻辑认知模式"的 IIO 三段模型

三 段 模 型	内　　涵
输入	系统性、事实性知识
内化	记住知识的解释性意义,进行知识积累
产出	构建起类比性思维,遇到类似的问题,可通过举一反三的推理得到问题的答案

具有类比性思维学习的前提是前人已经解决过类似的问题,学生通过举一反三的推理就能够得到新问题的答案,但对于没有见过的问题往往就束手无策。这是由于学生缺少"主动发现解决问题的方法,主动获取知识"的意识和能力。其主要原因是在"知识逻辑认知模型"下,教师直接告知的是结果(知识)——填鸭,学生习惯于被投喂——被动吸收,缺少了如

何解决问题并运用和发现知识这一过程的能力训练,即实践性知识。在大学阶段,如果还延续这种认知模式,则学生将在解决问题和创新能力和批判性思维方面存在先天缺陷。

1.2.2.2　问题逻辑认知模式

在基础教育阶段形成的"知识逻辑认知方式"固然是人类学习未知世界的重要途径之一。在高等教育阶段,如果还仅仅延续这种认识模式,忽视了学习知识的根本目的是解决问题,缺少对解决问题的意识和能力的训练,那么学生在面对需要深度创新、发明创造才能解决的"卡脖子"问题时就往往束手无策了。因此,也很难培养出具有创新能力的人才。

第一性原理(First Principle)最早由亚里士多德在《形而上学》一书中提出,指任何一件被获知的事情都存在的最基本的命题或假设。运用第一性原理进行思考的方式被称为"像科学家一样思考"。在物理学中,第一性原理指从最基本的定律出发,不外加假设与经验拟合进行推导与计算,又称从头计算法(ab initio method)。埃隆·马斯克(Elon Musk)是公认的创业与创新奇才,他在接受采访时将第一性原理从自然科学的领域引入大众视野。马斯克认为根据第一性原理,而非"类比性思维"来解决问题非常重要。在生活中,人们往往习惯了"举一反三"的思维方式,即通过类比的方式来进行推论,但这种思维却不适用于需要深度创新才能解决问题的情境。根据第一性原理思考,则是先剥开事物的表象,去探寻问题最底层的本质,然后再通过层层分析与推理,寻找最有效的解决方案。

从认识论的角度来说,实践是人类对客观世界的认识和理论的来源。人类学习的本质不是记住知识,而是应用知识解决问题,并且在解决问题的过程中发现和积累新知识。传统的"知识逻辑认知模式"由于存在缺少知识联系生活、理论联系实际的先天缺陷,很难培养出学生的应用之道,更不要说创新之道。高等教育要培养能够探索未知、解决问题的创新性人才,从脑科学的视角出发,就必须要将某种不同于传统的模型植入学生最深层的大脑中,使之成为大学生认识世界、探索未知的一种认知模式。

没有实践的基础,没有感性经验的积累,很难真正理解相关对象在实际层面相互作用的过程,也很难准确理解在此基础上进行的理论抽象,更不用说灵活地运用这些理论去指导实践、解决实际问题了。探索的认知模式应该包括如何探索解决问题的实践性知识、如何应用已有知识以及如何发现新知识等综合能力的培养,而它的形成必须通过大量问题导向的训练才可以做到。在此,将这种认知模式命名为"问题逻辑认知模式",是为解决问题和探索未知而进行的一系列学习活动。表 1-2 是"问题逻辑认知模式"的 IIO 三段模型。

表 1-2　"问题逻辑认知模式"的 IIO 三段模型

三段模型	内　　涵
输入	问题
内化	体验解决问题和探索未知的全过程,获得理论性和实践性知识,同时实现知识的积累和发现
产出	构建起第一性原理思维和批判性思维,遇到新问题,通过理论学习和实践性知识对问题进行求解,并能够探索发现新知识

1.2.3　基于问题逻辑认知模式的成果导向教育(POT-OBE)

"知识逻辑认知模式"是以记住知识为目标的一系列学习行为的认知模式,其核心是让学生更好地掌握已有知识。该模式已长久构建在学生大脑中。"问题逻辑认知模式"是以解决问题为目标的一系列学习行为的认知模式,其核心是对学生解决问题和探索未知的综合能力的培养,这是需要在学生大脑中重新构建的模式。

为了回答著名的"钱学森"之问,从本质上提高学生的解决问题和创新能力,我们提出了基于问题逻辑认知模式的成果导向教育(POT-OBE)。

POT-OBE 是以构建学生新的认知模式——"问题逻辑认知模式"为根本目标,为解决问题和探索未知而进行的一系列学习活动的教育方法。有了教育的最终产出,在进行 POT-OBE 时,还要考虑采用什么路径,才能更容易实现这一产出的问题。

1.2.4　以提升认知为目标的教学新范式——5E

为了有效地进行 POT-OBE,本书采用以提升认知为目标的教学新范式——5E。

1. Excitation(激发兴趣、提出问题)

AI 时代,需要培养学生养成一种与之匹配的习惯,这就是提问、不断提问,提问必然会成为人类最基本也是最有价值的行为之一。牛顿由一颗苹果的掉落发现万有引力定律,奠定了经典力学的基础;爱因斯坦对"如果一个人站在火车上,他们能否判断自己是在静止的地面上,还是在匀速运动的火车上?"的思想实验保有兴趣与好奇,开始思考时间和空间的本质,他在 26 岁时提出狭义相对论,重塑了物理学的基石。如牛顿和爱因斯坦,永不满足的好奇心是驱动科学技术发展与人类文明进步的原动力。

5E 教学范式的第一步是重建问题逻辑认知模式的基础。无论是对身边的实际生活,还是专业学科中的前沿进展,能够时刻保持好奇心,随时关注并提出问题,是一切探索和发现的重要前提。

2. Exploration(运用第一性原理探索问题本质)

第一性原理发源于哲学,由亚里士多德提出。用第一性原理思考,即剥开事物的表象,去探寻问题最底层的本质。正如爱因斯坦曾说:"如果我有一个小时来解决一个问题,我会花 55 分钟思考这个问题,再花 5 分钟思考解决方案。"

5E 教学范式的第二步,强调对第一步提出的问题的本质的探索和抽象,最终形成求解问题的方案。在教学过程中要反复训练,塑造学生探索问题本质的意识,提升洞察底层逻辑的能力。这种运用第一性原理探索问题本质的思维方式将使学生受用终身。

3. Enhancement(拓展求解问题必备的知识和能力)

在探明了问题本质,寻找并确定最有效的解决方案之后,还要引导学生通过深度思考、生生讨论及师生讨论等,明确解决问题所需的知识和方法,并进行相关知识、方法和工具的学习。这种根据求解问题的需要而有针对性的学习,常常有更好的效果。

4. Execution(实际动手解决问题)

有了解决问题的方案和相关知识、方法和工具的储备,就可以实际动手解决问题了。学生按照前面阶段所设计的解决方案,运用学到的新知识、方法和工具,实际动手解决问题。

5. Evaluation(评价与反思)

深度思考和反思是一种重要的能力,是人类发现知识、提升认知的关键。教师要引导学生对问题求解的整个过程和结果进行评价与反思。若问题得到有效解决,是否存在新的知识发现？反之，是否有更好的问题求解路径？可能需要多轮过程迭代，最终找到现阶段最有效的解决方案。

下面通过一个使用5E模型来培养问题逻辑认知模式的例子，读者体会各步骤的主要内涵和需要完成的工作。

〖**例1-6**〗 在《少年班》电影第6分58秒孙红雷向王大法提问出的问题：有20级阶梯，每次只能上1级或2级，总共有多少种走法？

Excitation 步骤：有n级阶梯，每次只能上1级或2级，上去后不允许下来，总共有多少种走法？

Exploration 步骤：下面来分析这个提问的本质问题是什么。

（1）当n=1时，上1级即到达，即只有一种走法。

（2）当n=2时，可以上1级然后再上1级，也可以直接上2级，即有两种走法。

（3）当n=3时，情况变得复杂了，但仍可以比较容易地找到所有的三种走法：①每次都上1级；②先上1级然后再上2级；③先上2级然后再上1级。

（4）当n=4时，情况越发复杂，穷举所有的走法比较困难了，但仍然可以把所有的走法找到，即有5种。

（5）当n很大时，穷举就非常困难了。此时，我们需要探索，是不是有规律可循？假设n−1，n−2的走法我们已经知道了，分别是f(n−1)和f(n−2)。要踏上第n级台阶，运用计算思维中的递归思想，倒着想这个问题，可以有两种走法：①从第n−1级，上1级；②从第n−2级，上2级。

那么，踏上第n级台阶的走法数量是上面两种走法的和，即分别是走到n−1级的走法数量和走到n−2级的走法数量的走法数量的和。因此，我们发现的规律是：

$$f(n)=\begin{cases}1 & n=1\\2 & n=2\\f(n-1)+f(n-2) & n\geqslant 3\end{cases} \tag{1-1}$$

Enhancement 步骤：设计求解公式(1-1)的算法。当n=1和n=2时，直接给出结果即可；当n≥3时，需要通过计算f(n−1)+f(n−2)计算得到。通过自主学习和查找资料，用计算机求解这个问题，既可以设计迭代算法，又可以设计递归算法。由于递归算法比较直接，几乎是公式的直接翻译，因此设计递归算法求解这个问题。用自然语言描述我们设计的算法：

有n级阶梯，每次只能上1级或2级，上去后不允许下来，总共有多少种走法f(n)的算法：

如果n=1，则结果是1；

如果n=2，则结果是2；

如果n≥3，则结果是f(n−1)+f(n−2)。

Execution 步骤：可以用任何一种高级语言实现上面的算法。通过学习Python语言，用Python语言编程实现这个算法：

```
def f(n):
    if n==1:return 1
    if n==2:return 2
    if n>=3:return f(n-1)+ f(n-2)
```

```
n=eval(input("请输入要登上的最高台阶数(整数):"))
if type(n) == int:
    result=f(n)
    print("有",n,"级阶梯,每次只能上 1 级或 2 级,总共有",result,"种走法")
else:
    print("你太马虎了,输入的不是整数!")
```

　　Evaluation 步骤：针对孙红雷提出的问题，我们发现了问题本质，给出了问题的数学表达，并拓展学习了递归算法和 Python 语言，编程实现了该问题的求解。然而，进一步分析设计这个递归算法，发现该算法有明显的缺陷，存在重复计算的问题。图 1-5 示意了当 n＝5 时的函数调用关系。从图中可以明显地看出，f(2)计算了 3 次，f(3)和 f(1)计算了 2 次。可以预见，台阶数越多，重复计算的问题越严重，导致算法效率不高。因此，还需要学习优化算法的相关方法，重新设计或优化算法。

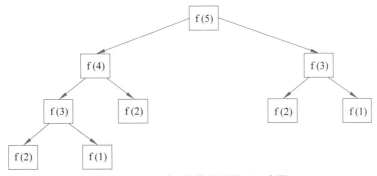

图 1-5　n＝5 时函数的调用关系示意图

　　为了读者容易理解和记住未来学习将采用的 5E 范式的每一个步骤，我们给各步骤起一个好记又容易理解的名字及其中文解释，读者只需记住求解一个问题一般需要经过QWHDW 5 个步骤。

　　① Excitation：Question——提出问题。

　　② Exploration：What——探索问题本质。

　　③ Enhancement：How——拓展求解问题必备的知识和能力。

　　④ Execution：Done——实际动手解决问题。

　　⑤ Evaluation：Whether——评价与反思。

1.3　为什么选择 Python 程序设计语言

　　Python 由荷兰国家数学与计算机科学研究中心的吉多·范罗苏姆于 1990 年初设计。Python 是一种高级程序设计语言，但与 C/C++ 语言不同，使用 Python 语言编写程序时无须考虑诸如“如何管理你的程序使用的内存”一类的底层细节，使开发者专注于如何使用Python 语言解决问题。同时，Python 是一门更易学、更严谨的程序设计语言。它能让用户编写出更易读、易维护的代码，让用户专注于解决问题而不是去搞明白语言本身。

1.3.1 Python 的特点

下面介绍 Python 语言的特点。

（1）Python 的设计目标之一是让代码具备高度的可阅读性，和读英语一样。另外，Python 还提供了极其简单的说明文档，这使初学者很容易上手。

【例 1-7】 下面是 Python 的程序，你能猜出来是什么功能吗？

```python
age = int(input("请输入你的年龄："))
if age<21:
    print("你还不到 21 岁,不能买酒")
else:
    print("你已经 21 岁了,可以买酒")
```

相信读者一定已经猜到了。

（2）对于常见问题的处理，如网络编程、数学计算、字符串处理、数据压缩、输入输出、文件系统、图形处理、数据库、发送邮件等，Python 已经通过标准库的形式提供了完美的解决办法，用户只需直接使用即可。

【例 1-8】 编写 Python 代码，x＝123，求 sin(x)。

```python
import math
math.sin(123)
```

如果让自己写出计算 sin(x)的代码是很困难的。由于计算一个数的 sin 值是常用的操作，因此，Python 将类似常用的数学计算都放到 math 库中，用户只要"import math"就可直接使用"math.sin()"求一个数的 sin 值了。

（3）更多扩展库，又称第三方库。扩展库是相对标准库而言，当用户发现 Python 标准库的有些功能不符合自己的想法，无法实现自己的要求时，就可以找一些扩展库来安装使用，或者自己实现相应功能并将代码封装打包为库，供自己或他人使用。正是有了扩展库的存在，现在 Python 已经在各个领域都有建树。表 1-3 是 Python 常用的扩展库。

表 1-3 Python 常用的扩展库

扩 展 库	应 用 场 景	扩 展 库	应 用 场 景
openpyxl	读写 Excel 文件	matplotlib	数据可视化
open-docx	读写 Word 文件	sklearn	机器学习
numpy	数组计算和矩阵计算	tensorflow	深度学习
scipy	科学计算	…	…
pandas	数据分析		

标准库或扩展库都是供开发者使用的代码集合。用户只需通过加载和调用就可以直接使用库中函数和各项功能。用户更像是站在巨人的肩膀上，聚焦自己的问题求解逻辑，通过"搭积木"实现问题的求解。

【例 1-9】　使用 Python 爬取指定网页上的源码。

```
#下面是加载用于网络爬虫 urllib 库的 request 模块
from urllib import request
#下面是将要爬取的网站的地址存储到 url 变量中
url='http://www.python.org'
#下面是爬取 url 网页上的源码并保存到 content 中
content=request.urlopen(url).read()
#下面是将获取到的 URL 源码通过 print 函数输出
print(content)
```

上面代码中的"#"后面的内容是为了说明程序的功能而进行的注释,真正的 Python 代码只有 4 行。通过这个小例子,读者应该已经感受到了,基于标准库和扩展库,未来我们可以做很多自己的事情。

(4) Python 提供了丰富的 API 和工具,以便开发者能够轻松使用包括 C、C++ 等主流编程语言编写的模块来扩充程序。Python 就像使用胶水一样把用其他编程语言编写的模块粘合过来,因此,Python 也被称为"胶水语言"。

(5) Python 也存在明显缺点,它的运行速度比 C/C++ 慢,对实时处理要求强的程序会有一些影响。另外,Python 的代码不能加密,如果你的项目要求源代码必须是加密的,那你一开始就不要选择 Python。

1.3.2　Python 编程环境

Anaconda 是 Python 的一个集成开发环境,支持 Linux、Mac、Windows 等系统,自带了 Python、Jupyter Notebook、Spyder、conda 等工具,可以很方便地解决多版本 Python 并存、切换以及各种第三方包安装问题。使用 Anaconda 可以一次性地获得几百种用于科学和工程计算相关任务的 Python 编程库支持,避免很多后续安装 Python 各种包的麻烦。

1.3.2.1　Anaconda 个人版的下载与安装

Anaconda 个人版的下载与安装步骤如下:

(1) 进入 Anaconda 官网的安装包下载页面 https://www.anaconda.com/download,如图 1-6 所示。

图 1-6　Anaconda 官网安装包下载页面

（2）鼠标放到图 1-6 左下方的 Download 按钮上，按钮会变色，其下方自动显示出符合你的系统的最新 Anaconda 版本的下载信息。单击 Download 按钮下载该软件。例如，对于Windows 系统，下载的安装包是 Anaconda3-2023.09-0-Windows-x86_64.exe，如图 1-7所示。

图 1-7　下载 Anaconda 安装包

（3）下载完成后，双击安装包文件 Anaconda3-2023.09-0-Windows-x86_64.exe，然后按照安装向导设置安装路径即可完成安装。过程如图 1-8 所示。

① 在图 1-8(d)步骤，建议安装路径选择 C 盘外的其他盘（本书是默认路径），还可以重新设置安装路径。如果软件安装到 C 盘，可能让电脑系统变卡顿。

② 在图 1-8(f)步骤是安装进度显示，这一步时间较长。

③ 在图 1-8(i)步骤，去掉两个☑勾选，然后单击 finish 按钮，完成安装。

Anaconda 安装完成后，会在开始菜单的 Anaconda3(64-bit)文件夹下出现几个新的应用，如图 1-9 所示。

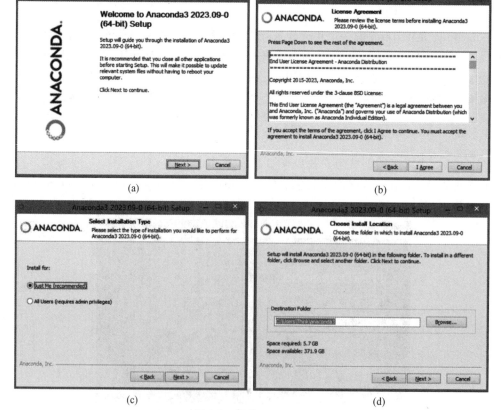

图 1-8　安装 Anaconda

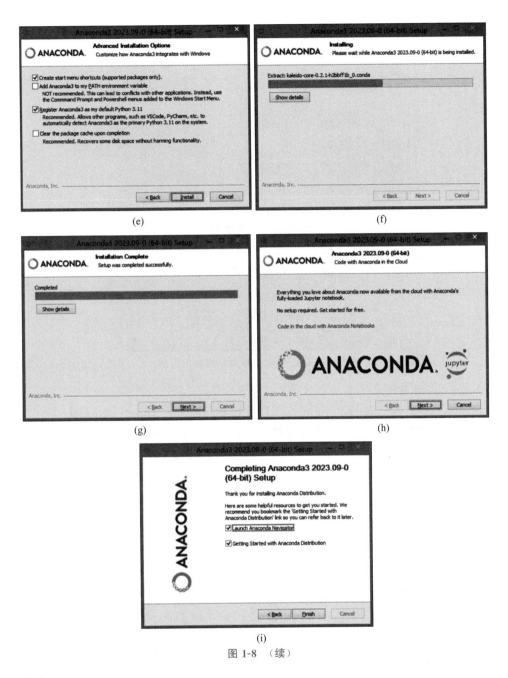

(i)

图 1-8 　（续）

其中：

- Anaconda Navigator：用于管理工具包和环境的图形用户界面，其中提供了 Jupyter Notebook、Spyder 等编程环境的启动按钮。
- Anaconda Powershell Prompt：在 Powershell 下运行的管理工具包和环境的命令行界面。可简单地理解为比下面的 Anaconda Prompt 功能更强大。
- Anaconda Prompt：用于管理工具包和环境的命令行界面。
- Jupyter Notebook：基于 Web 的交互式编程环境，可以方便地编辑并运行 Python 程序，用于展示数据分析的过程（提示：本书中的全部示例程序都是基于 Jupyter

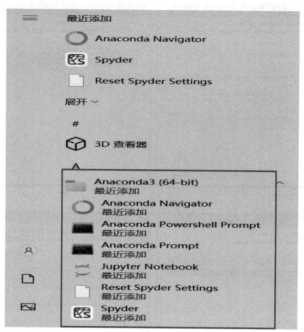

图 1-9　安装 Anaconda 后新添加的应用

Notebook 运行并展示其运行结果)。

- Spyder：基于客户端的 Python 程序集成开发环境。在 Jupyter Notebook 中进行程序调试需要使用 pdb 命令,使用起来很不方便。如果读者需要通过调试解决程序中的逻辑错误,则建议使用 Spyder 或 PyCharm 等客户端开发环境,利用界面操作即可完成调试,并可方便地查看各种变量的状态。

1.3.2.2　安装第三方库

安装 Anaconda 时会默认安装很多第三方库。如果用户需要使用新的第三方库,就需要自己安装了。既可以在 Anaconda Navigator 下安装,也可以在 Anaconda Prompt 下使用 pip 命令安装。建议读者使用第 2 种方法安装第三方库。

【例 1-10】　在 Anaconda Prompt 下使用 pip 命令安装机器学习库 scikit-learn 和绘图库 matplotlib。

步骤如下:

(1) 在图 1-9 所示的开始菜单中单击 Anaconda Prompt 启动该应用。

(2) 安装 scikit-learn 库,在命令行下输入命令:

```
pip install scikit-learn
```

或

```
pip install scikit-learn -i http://pypi.douban.com/simple/ --trusted-host
pypi.douban.com
```

第一个 pip 命令是从默认的国外网站获取 scikit-learn 安装包;第二个 pip 命令是从国内的镜像网站获取 scikit-learn 安装包,使用国内镜像可以减少安装包的获取时间,本命令使用的是 douban 镜像。

（3）查看已经安装的包，在命令行下输入命令：

```
pip list
```

图 1-10 是在 Anaconda Prompt 下安装 scikit-learn，并查看已经安装的库的情况。

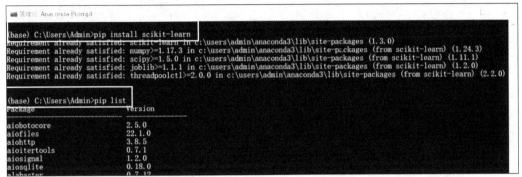

图 1-10　从默认网站安装 **scikit-learn**

（4）安装 matplotlib 库，在命令行下输入命令：

```
pip install matplotlib
```

或

```
pip install matplotlib -i http://pypi.douban.com/simple/ --trusted-host pypi
.douban.com
```

同样，第二个 pip 命令使用了国内镜像以减少安装包的获取时间。

图 1-11 是从国内镜像网站安装的 matplotlib 库。

图 1-11　从国内镜像网站安装的 **matplotlib** 库

1.3.2.3　使用 Jupyter Notebook 编辑和运行 Python 程序

Jupyter Notebook 是基于浏览器的程序开发环境。在 Jupyter Notebook 下可以非常方便地编辑和运行 Python 程序。在系统开始菜单中找到图 1-9 所示 Jupyter Notebook，运行该应用后，出现如图 1-12 所示的启动界面，然后自动启动系统默认浏览器显示 Jupyter Notebook 开发界面。如果启动 Jupyter Notebook 后未自动启动系统默认浏览器显示 Jupyter Notebook 开发界面，则可根据 Jupyter Notebook 启动界面中的提示，将网址复制并粘贴到浏览器的地址栏中访问。Jupyter Notebook 的开发界面如图 1-13 所示。

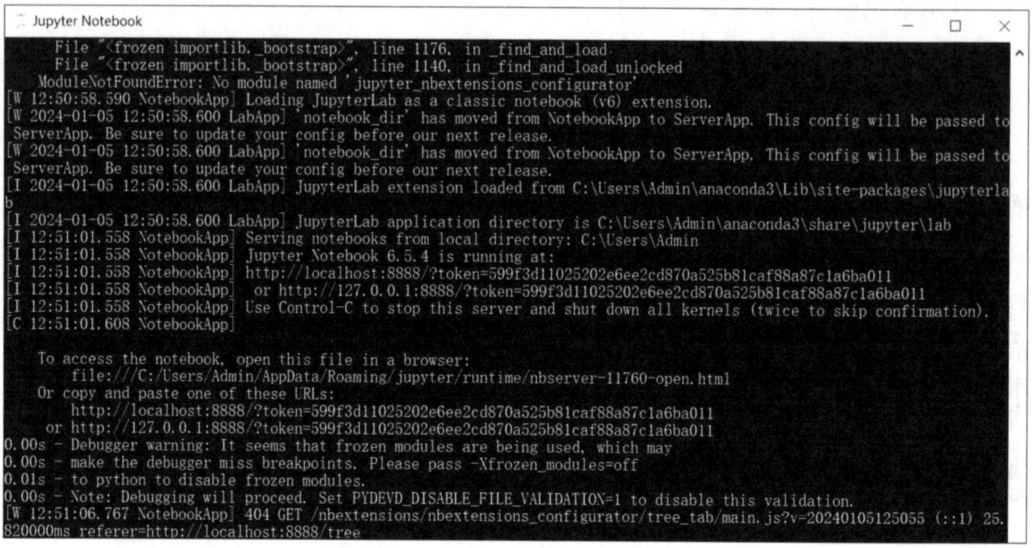

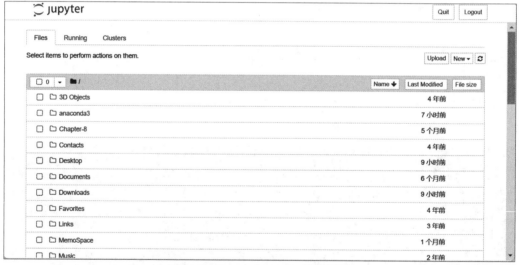

图 1-12　Jupyter Notebook 的启动界面

图 1-13　Jupyter Notebook 开发界面

【例 1-11】　在 Jupyter Notebook 中编辑并运行例 1-7 中的 Python 程序。

步骤如下：

（1）启动 Jupyter Notebook，在图 1-13 所示的 Jupyter Notebook 开发界面中，选择右上方的 New 选项，在图 1-14 所示的快捷菜单中选择 Folder，新建一个名字为 Untitled Folder 的文件夹。

（2）单击 Untitled Folder 文件夹前面的复选框，左上方出现 Rename 按钮，单击该按钮，在弹出的对话框中输入新的文件夹名称（如 MyFolder）并单击"重命名"按钮即可完成，如图 1-15 所示。

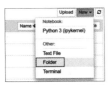

图 1-14　新建文件夹

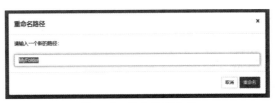

图 1-15　给文件夹命名

（3）单击新创建的文件夹，进入该文件夹。

（4）图 1-13 中选择右上方的 New 选项，在图 1-14 所示的快捷菜单中选择 Python 3（ipykernel），弹出一个默认名称为 Untitled 的新页面。单击该页面上方 Jupyter 图标右侧的 Untitled 按钮，弹出重命名对话框，修改要编写的代码文件的名称（如 test），然后单击"重命名"按钮，如图 1-16 所示。

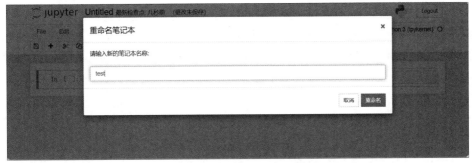

图 1-16　给 Python 3 代码重命名

（5）在 In[ ]后面的区域，输入并编辑 Python 代码，如图 1-17 所示。

图 1-17　编辑 Python 代码

（6）编辑好代码后，单击图 1-17 代码区上方工具栏中的运行 ▶运行 按钮，即可在代码区下面按程序提示输入一个年龄数，如输入 15，程序会输出判断结果"你不到 21 岁，不能买酒"，如图 1-18 所示。

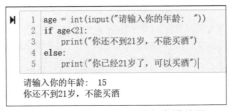

图 1-18　运行 Python 程序常看结果

扫描二维码,查看使用 Jupyter Notebook 进行 Python 编程的教学视频。

1.4 目标与任务

1.4.1 拟实现的目标——构建问题逻辑认知模式

依照我们提出的 POT-OBE 理念,本书将采用 5E 的学习路径学习 Python 程序设计基础知识。本书围绕解决一个具体问题展开学习,在解决这个问题的过程中,会遇到一个个的小问题,按照 5E 路径,通过对一个个小问题的求解,读者在为解决问题和探索未知而进行的一系列学习活动中,不但掌握了 Python 的基本语法,更重要的是能够构建起问题逻辑的认知模式,为未来解决问题和创新打下基础。

1.4.2 要完成的任务——用 Python 实现一个简易高考平行志愿录取程序

某直辖市采用新高考政策,高考分数和平行志愿录取规则如下。

1. 选考科目分数赋分方法

新高考政策规定,除了语文、数学和外语为考生必考科目外,考生还需在政治、历史、地理、物理、化学、生物 6 个水平等级性考试科目中自主选择其中的 3 科(单科满分 100 分)。但选考科目的最终成绩按等级去给考生赋分,共分 5 等 21 级。最低的起点赋分 40 分,最高的终点是 100 分,共分 21 个等级,每个等级分差为 3 分。表 1-4 是该市的赋分等级标准。

表 1-4 某直辖市高考赋分等级赋分制各级标准

级	等	比 例	排 名	赋 分
1	A1	1%	1%	100
2	A2	2%	2%~3%	97
3	A3	3%	4%~6%	94
4	A4	4%	7%~10%	91
5	A5	5%	11%~15%	88
6	B1	7%	16%~22%	85
7	B2	8%	23%~30%	82
8	B3	9%	31%~39%	79
9	B4	8%	40%~47%	76
10	B5	8%	48%~55%	73

级	等	比　例	排　名	赋　分
11	C1	7%	56%～62%	70
12	C2	6%	63%～68%	67
13	C3	6%	69%～74%	64
14	C4	6%	75%～80%	61
15	C5	5%	81%～85%	58
16	D1	4%	86%～89%	55
17	D2	4%	90%～93%	52
18	D3	3%	94%～96%	49
19	D4	2%	97%～98%	46
20	D5	1%	最后 99%	43
21	E1	1%	最后 1%	40

2. 平行志愿录取方法

根据考生排名,优先满足排名靠前学生的志愿。例如,学生 A 在某省排名第一,那么他的第一志愿就可以被满足,后面的志愿就不再作数;如果学生 D 排名在第 5000 名,则系统会在满足他前面 4999 名考生的志愿后,再来依次看他的志愿,从他的第一志愿开始,如果第一志愿已经招满,就看第二志愿,依次顺延,直至满足他的志愿。

本书要完成一个任务:基于上述规则,用 Python 设计一个简易高考平行志愿录取程序。

1.5　动手做一做

(1) 参考"1.3.2 Python 编程环境",在自己的电脑上安装 Anaconda。

(2) 阅读例 1-6～例 1-9 的 Python 代码,对 Python 程序有初步了解。如果你已成功安装了 Python 语言环境或实验室已经有该环境,可尝试运行它。

(3) 认真阅读例 1-9,体会由于好奇心提出一个感兴趣的话题 Excitation,在 Exploration、Enhancement、Execution 和 Evaluation 阶段对这个话题进行本质问题发现、通过学习和研究设计求解方法、通过对工具的学习动手解决问题以及对问题的求解情况进行总结与反思的全过程。

(4) 组成项目小组,激发各自的好奇心,提出几个感兴趣的话题。

(5) 阅读下面 ChatGPT 和文心一言对几个问题的回答,请思考:①AI 的发展对人类未来可能产生的影响,我们在学校应该学习什么?②是否可以借助 AI 工具,提高学习 Python 的效率?

表 1-5 ChatGPT 和文心一言对几个问题的回答

提 问	ChatGPT 4.0 的回答	文心一言的回答
写一首主题为清明节的七律诗	清明节是东亚文化中一个重要的传统节日,主要用来祭奠祖先和亲人,同时也是春天时分赏花、踏青的好时机。下面是一首以清明节为主题的七律诗: 清风翻柳依依新, 明媚春光染翠尘。 祭奠深情凭烛泪, 思念无尽泪满巾。 秋菊黄时忆故人, 踏青赏花解愁心。 清明凝思共悲欢, 万象更新生机深。 此诗描绘了清明节在自然复苏的春天中,人们纪念逝去的亲人并享受大自然美景的场景。同时,也表达了人们对逝去亲人的深切思念与对生命新生的希望与期望	清明时节雨纷纷,扫墓祭祖心思沉。 珍惜亲朋多牵挂,孝心永驻不忘恩。 青烟袅袅献亲人,泪眼婆娑思满怀。 春花秋月皆过客,珍惜当下更可贵。 缅怀先人德传家,清明扫墓献桑麻。 铭记历史不忘本,感恩至孝传万代
写一篇主题为"春夏秋冬与人生"的作文	春夏秋冬,四季的更替寓意着生命的轮回与变化,每个季节都有它独特的风貌和情感,亦如人生的各个阶段,每个阶段都有不同的心境和体会。四季轮转,人生犹如一出无尽的戏,每个季节都是一幕。 春:生机勃勃的孕育 春天是大地苏醒的季节,万物复苏,一片生机勃勃。这如同人生中的幼年和青少年时期,充满了无限的希望和潜能。我们在春天里探索、学习、成长,像那嫩芽破土而出,渴望着阳光和雨露,孕育着未来的希望和梦想。 夏:热情奔放的展现 夏天则代表着青春和活力的顶峰,万物在这个季节达到最为丰盛的状态。如同人生的青壮年时期,我们以最充沛的热情和力量去追求理想、实现目标。在夏日的烈阳下,我们展现出自己最热烈、最奔放的一面,勇往直前。 秋:成熟淡定的收获 秋天则象征着成熟和收获,是一切成果的结晶。这仿佛人到中年,开始享受着由知识、经验和智慧带来的丰硕成果。秋天的果实累累,如同中年人的成就丰富多彩。在秋天,我们以更加淡定和成熟的心态,欣赏过去的努力和付出,品味生活的真谛。	[题目]:春夏秋冬:人生的四季之旅 人生,如同四季的轮回,每个季节都有其独特的色彩和韵味。我们每个人都会经历人生的春夏秋冬而每个季节都给我们带来了不同的启示和体验。 春天是生命的开始,是万物复苏的时刻。它告诉我们人生充满了希望和机遇,就像春天里的种子,只要给予足够的阳光和雨露,就能茁壮成长。春天也提醒我们要保持童心,像孩子一样对未知的世界保持好奇和探索的心态。 夏天是生命的成长,是万物变得茂盛的时刻。它告诉我们人生需要不断努力和奋斗,就像夏天里的植物,只有经过风吹日晒才能茁壮成长。夏天也提醒我们要坚持梦想,像勇士一样勇往直前,不断追求自己的理想和目标。 秋天是生命的收获,是万物成熟的时刻。它告诉我们人生要懂得珍惜和感恩,就像秋天里的果实,经历了春夏的滋养,才有了今天的丰收。秋天也提醒我们要保持谦虚,像智者一样,在成功的喜悦中不忘初心,继续前行。

续表

提　　问	ChatGPT 4.0 的回答	文心一言的回答
写一篇主题为"春夏秋冬与人生"的作文	冬：深沉静谧的反思 冬天，大地进入沉睡，一切都变得静谧深沉。这可以比喻为人生的暮年阶段，我们在这个时期会更多地反思和总结。冬天的寒冷和沉静，使我们更加珍惜过去的经历，更加深切地体会到生命的价值和意义。在冬季的白雪覆盖下，我们归结人生的得失，静待春天的再次到来。 总结： 四季与人生的对比，揭示了生命的循环和变迁。我们在不同的季节，感受着生命不同的节奏和温度，体验着快乐、悲伤、成功和失落。就像大自然的春夏秋冬，人生亦有起落、悲欢。但无论如何，生命总是在变化中前行，在每个阶段中都蕴藏着无尽的美好和可能性。 最后，愿我们都能在生命的每一个季节中，找到属于自己的幸福与满足，活出最真实、最美丽的自己	冬天是生命的沉淀，是万物静默的时刻。它告诉我们人生需要反思和总结，就像冬天里的冰雪，只有在寒冷的冬季才能更好地体味阳光的温暖。冬天也提醒我们要懂得放下，像哲学家一样，在静默中思考人生的真谛，为下一个春天的到来做好准备。 春夏秋冬与人生密切相关，每个季节都为我们带来了不同的人生启示。在人生的旅途中，我们应当珍惜每一个季节，从中汲取力量和智慧，以更好地面对未来的挑战。让我们在春夏秋冬的四季轮回中不断成长、收获、沉淀，追求一个更加美好的人生
写一篇题目为"Four Seasons and Life"的英文作文	Title：Four Seasons and Life The perpetual dance of the four seasons—spring，summer，autumn，and winter—paints a vivid tableau of the world's transformation，reflecting the intricate tapestry of human life. Each season encapsulates a distinct essence and rhythm，mirroring the different phases of our existence. Just like nature goes through cycles of birth，bloom，maturation，and rest，human life transitions through epochs of growth，vigor，reflection，and tranquility. Spring：The Epoch of Awakening Spring is a metaphor for the onset of life，the blooming phase，where everything is born anew after the cold slumber of winter. The world is adorned with blossoms，and the air is imbued with a sense of freshness and rejuvenation. This season reflects the infancy and youth of human life，brimming with potential and innocence. It is a time of exploration，learning，and growth，a phase where we lay down the foundations of our future selves，sowing the seeds of hopes and dreams. Summer：The Epoch of Radiance Summer is synonymous with the zenith of life's energy and vibrance. The earth is bathed in sunlight，and the world is vibrant with life，representing the peak of youth and adulthood. It is the season of passion，a time when we pursue our goals with fervor and resolve. Our hearts and minds are ablaze with desires and ambitions，driving us to chase after our ideals and make our mark in the world. It is a symphony of joys and challenges，a reminder of the transient nature of time and youth.	Four Seasons and Life Life is like a journey through four seasons，each season representing a different stage of life. As we grow from childhood to adulthood，we experience the beauty and changes of each season，which teaches us valuable lessons about life. Spring represents childhood，with its vibrant colors and freshness. During this season，we are filled with innocent joy and curiosity.We playfully explore the world around us，delighting in the smallest things in life. As the season changes to summer，we enter the stage of adolescence. This is a time of newfound independence and self-discovery. We are now more aware of our surroundings and begin to understand our place in the world Autumn arrives as we enter adulthood，

提　问	ChatGPT 4.0 的回答	文心一言的回答
写一篇题目为"Four Seasons and Life"的英文作文	Autumn：The Epoch of Reflection Autumn signifies the season of maturity and fulfillment，a time when the fruits of labor are harvested，and the world is draped in a palette of warm colors. It mirrors the middle to late stages of human life，a period marked by contemplation and realization. We reap the rewards of our endeavors and gain wisdom from our experiences. It is a time to reflect on the paths we've traversed and to appreciate the beauty and richness of life. Autumn teaches us the value of change and the importance of embracing each moment with grace and gratitude. Winter：The Epoch of Tranquility Winter represents the final chapter，where the world is shrouded in snow，and a serene silence pervades the air. It symbolizes the later years of life，a phase of rest and introspection. The world may seem dormant，but beneath the surface，there is a subtle，profound vitality，preparing for the next cycle of life. It is a period to ponder the essence of existence and to understand the deeper meanings of life's journey. Winter reminds us of the inevitability of endings but also whispers the promise of new beginnings. Conclusion： The symphony of the four seasons illustrates the beautiful and transient journey of life，each season depicting a unique stage in our existence. The cyclic nature of seasons symbolizes the eternal dance of birth，growth，decay，and rebirth，reflecting the dynamic continuum of human life. As we navigate through the seasons of our lives，may we learn to dance to their unique rhythms，to embrace each phase with wisdom and love，and to appreciate the myriad of experiences and lessons they bring. In the grand tapestry of time，let us cherish each moment，each season，creating a masterpiece of our journey，woven with threads of joy，sorrow，love，and learning	representing the harvest of our efforts and the fulfillment of our dreams. This is the season of accomplishment and reward，where we achieve success and satisfaction from our hard work. As autumn transitions into winter，we begin to reflect on our lives and 审视我们的价值观，如同 the calm after the storm. This is a time for introspection and self-reflection，allowing us to appreciate the journey we have undertaken and prepare for the future. Winter represents the elderly phase of life where we accumulate wisdom and experience，Our days are filled with memories and stories，as we reminisce about the past and pass down our knowledge to the younger generation During this season，we find solace in the comforts of family and friends，relying on them to provide warmth and companionship. In conclusion. Four Seasons and Life is a beautiful analogy that highlights the different stages of life，each with its own unique characteristics and lessons to learn. 正如四季的轮回一样，生活也是一个循环，每个阶段都必不可少，构成了我们人生的旅程

续表

提　　问	ChatGPT 4.0 的回答	文心一言的回答
某部门有两个研究小组,第一小组 32 人,第二小组 28 人。现因工作需要,要求第二小组人数是第一小组人数的一半,问需从第二小组调多少人到第一小组?(列方程解答)	首先,我们设调动的人数为 x。 第二小组原有人数为 28 人,调动 x 人之后,第二小组剩余人数为:$28-x$。 第一小组原有人数为 32 人,加上调动的 x 人,第一小组的人数为:$32+x$。 根据题意,要求第二小组人数是第一小组人数的一半,所以我们可以列出如下方程: $28-x=(32+x)/2$ 为了解方程,我们需要消除分数。将两边各乘以 2 得: $2(28-x)=32+x$ $56-2x=32+x$ 将 x 的项移至等式左边,常数项移至等式右边,得: $56-32=2x+x$ $24=3x$ 最后解得: $x=8$ 所以,需要从第二小组调 8 人到第一小组,这样第一小组就会有 40 人,第二小组就会有 20 人,满足题意	为了解决这个问题,我们可以设第一小组人数为 x,第二小组人数为 y。根据题目要求,我们可以得到两个方程: 第一个方程是:$x+y=32+28$(两个小组的总人数) 第二个方程是:$y=x/2$(第二小组人数是第一小组人数的一半) 我们可以通过解这两个方程来找到答案。 解得:$x=40,y=20$ 需要从第二小组调 8 人到第一小组

Python 可以求解一元四次方程吗?请编程举例说明	Python 确实可以求解一元四次方程,可以使用 SymPy 库来进行符号运算。SymPy 是一个 Python 的数学符号计算库,可以进行代数、微积分、方程求解等操作。
	若您未安装 SymPy,您可以通过 pip 进行安装:
	
	``sh
	pip install sympy
	``
	
	以下是一个使用 SymPy 求解一元四次方程的例子:
	
	``python
	from sympy import symbols, Eq, solve
	#定义变量
	x = symbols('x')
	#定义一元四次方程,例如:x**4 - 6 * x**3 + 11 * x**2 - 6 * x + 1 = 0
	equation = Eq(x**4 - 6 * x**3 + 11 * x**2 - 6 * x + 1, 0)
	#求解方程
	solutions = solve(equation, x)
	#输出解
	for idx, solution in enumerate(solutions, 1):
	    print(f"解{idx}:{solution}")
	``
	
	上述代码中定义的方程为$(x^4-6x^3+11x^2-6x+1=0)$,solve 函数会找出该方程的所有解(实数或复数)并将其以列表的形式返回。
	记得在运行代码前,确认已经正确安装了 SymPy 库
		Python 可以使用 numpy 库中的 roots 函数来求解一元四次方程。roots 函数可以计算一个多项式的所有根。下面是一个求解一元四次方程的例子:
		假设要解的方程是 $x^4-6x^3+11x^2-6x+1=0$。首先需要安装 numpy 库,如果还未安装,可以通过命令 pip install numpy 来进行安装。
		然后,编写如下代码:
		
		``python　　　复制
		import numpy as np
		#定义多项式系数
		coefficients = [1, - 6, 11,-6,1]
		#使用 numpy 的 roots 函数求解
		roots = np.roots(coefficients)
		#输出结果
		for i, root in enumerate(roots):
		    print (f ' Root {i + 1}: {root}')
		``
		
		这段代码会输出这个一元四次方程的所有根。这些根可能是实数,也可能是一些复数

续表

提　问	ChatGPT 4.0 的回答	文心一言的回答

用 Python 编写一个简单的"猜成语游戏"	一个简单的"猜成语游戏"可以有很多种实现方式。下面是一个简单的示例,用 Python 实现了一个简单的猜成语游戏。这个游戏会给玩家展示一个成语的部分字,玩家需要根据这些字猜出完整的成语。
	
	``python
	import random
	def guess_the_idiom():
	    idioms = [
	        '百年树人',
	        '百折不挠',
	        '半途而废',
	        '杯弓蛇影',
	        '闭月羞花',
	        '不耻下问',
	        '不可一世',
	        '不劳而获',
	        '不胜枚举',
	        '不务正业'
	    ]
	    #随机选取一个成语
	    chosen_idiom = random.choice(idioms)
	    hint = list(chosen_idiom)
	    #随机隐藏一些字作为提示
	    for i in range(2): #隐藏两个字
	        hint[random.randint(0, 3)] = '_'
	    print("欢迎来到猜成语游戏!")
	    print("请根据以下提示猜成语:")
	    print(''.join(hint))
	    for i in range(3): #给玩家三次机会
	        guess = input("请输入您猜的成语:")
	        if guess == chosen_idiom:
	            print("恭喜你,猜对了!")
	            break
	        else:
	            if i < 2:
	                print("很遗憾,猜错了,请再试一次!")
	            else:
	                print("很遗憾,三次机会已用完!")
	                print(f"正确答案是:{chosen_idiom}")
	if __name__ == "__main__":
	    guess_the_idiom()
	``
	在这个游戏中,我们预设了 10 个成语,系统会随机选择一个成语,并随机隐藏其中的两个字。玩家有三次机会猜测完整的成语。如果玩家猜对了,程序会输出恭喜信息;如果三次都猜错了,程序会告诉玩家正确答案。
	运行这个程序,就可以开始游戏了
		好的,以下是一个简单的 Python 猜成语游戏的实现示例:
		
		python　　复制
		import random
		#定义一个列表,包含一些成语
		idioms = ["画蛇添足","半途而废","全#选择一个成语作为答案
		answer= random.choice(idioms)#将答案拆分成一个一个的字 chars = list(answer)#打乱字的顺序
		random.shuffle(chars)
		#输出游戏规则
		print("欢迎来到猜成语游戏!\n")
		print("游戏规则:将下面的字母组合成一个#输出打乱顺序后的字
		print(" ".join(chars))
		#循环,直到玩家猜对或者猜错五次 for i in range(5):
		guess = input("\n请猜一个成语:' if guess == answer:
		print("恭喜你,猜对了!")
		break else:
		print("猜错了,再试一次吧。"
		#如果循环结束后仍然没有猜对,输出正确答案 else:
		print("很遗憾,你没有猜对。正确答案是"
		在上面的代码中,我们首先定义了一个包含一些成语的列表idioms。然后,我们随机选择一个成语作为答案,并将它拆分成一个个的字。打乱顺序后,输出游戏规则和打乱顺序后的字。接着,我们进入一个循环,直到玩家猜对或者猜错 5 次。如果循环结束后仍然没有猜对,输出正确答案

第 2 章 设计解决问题的方案

——描述算法的工具及 Python 基础语法

本 章 使 命

对于"使用 Python 语言实现高考平行志愿录取算法"这一任务,设计解决这个问题的方案。 读者将对 QWHDW 的每一步有进一步的感受;了解遇到问题如何从计算机视角分析问题、设计并用流程图等工具描述解决问题的算法;对 Python 语言有进一步的了解,如书写规范、注释、标准输入输出、变量、常量、数据类型、运算符、表达式、赋值等。

2.1 Question——提出问题

高考是普通人人生中最重要的一场考试。现在的高考采用的是平行志愿录取方式。某直辖市采用新高考政策,部分学科的成绩需要赋分才能得到最终成绩。我们知道高考录取肯定不是人工一个一个处理的,而是借助计算机运行程序来完成的。我很好奇,这个用计算机录取的程序是如何被开发出来的呢?

2.2 What——探索问题本质

我们遇到一个感兴趣的话题,往往停留在表层,还不知道它要解决的本质问题是什么。此时,就可以借助 AI 工具,提供一些信息和观点,帮助我们理清思路,尽快发现要解决的问题的本质。从本章开始,遇到不会的问题,就会考虑借助 AI 辅助我们学习。

2.2.1 AI 工具的使用

2.2.1.1 AI 助学

我的问题:高考平行志愿录取算法如何设计?

文心一言的回答：高考平行志愿录取算法的设计主要包括以下步骤。

（1）分数优先原则：所有待投档考生根据分数进行排序，高分考生优先于低分考生进行投档。当考生总分相同时，则比较单科成绩，如文史类单科成绩比较顺序依次为语文、文科综合、数学、外语；理工类单科成绩比较顺序依次为数学、理科综合、语文、外语。

（2）遵循志愿原则：考生所填报的若干院校志愿虽是平行关系但仍有逻辑顺序，该逻辑顺序由考生所填报的院校志愿先后决定。录取时按照逻辑顺序即 A、B、C、D、E、F、G、H、I 院校依次进行检索。如果满足学校要求则投入该校，不再检索后续院校志愿；如果不满足 A 院校要求，则继续检索 B 志愿院校，依次进行。

（3）一轮投档原则：按各招生院校确定的投档比例，逐个检索完所有应被检索的考生志愿后，同时将所有符合条件的考生的电子档案一次性投档给各个招生院校。考生档案一旦投出，即不再检索该考生的后续志愿。

（4）在具体设计平行志愿录取算法时，还需要注意以下问题：

① 考虑录取比例。各省根据自己的实际情况，会在 110%～120% 确定一个录取比例。

② 确定一分一段表。一分一段表就是本省考生的排名情况。招生计划总数乘以录取比例得到一个数字，再拿这个数字去对应一分一段表的位次，那这个对应位次的考生的分数就是本省的录取分数线了。

以上信息仅供参考，建议咨询专业人士获取更准确的信息。

借助 AI 的帮助，我们对高考录取流程有了宏观的了解。

2.2.1.2　关于使用 AI 的思考

1. 从哲学的视角看新技术的发展

新技术的产生和发展往往伴随着哲学思想的演变。康德哲学中的"否定之否定"理论揭示了技术进步的本质。这个理论指出，新的理论或概念的出现不是简单地取代旧的理论或概念，而是通过对旧的理论或概念的否定和超越，才能得到新的理论或概念。同样地，新技术的发展也是通过否定和超越旧技术的限制和不足，实现了技术进步和发展。

"否定之否定"这一哲学理论同样适用于人工智能的产生和发展。AI 作为一门新兴技术，它的产生和发展也是通过对人类智能的否定和超越实现的。AI 技术的出现并不是为了取代人类智能，而是通过学习、理解和模仿人类智能，实现智能技术的进步和发展。

此外，哲学的这一理论也指出了技术发展的方向。AI 技术的发展不应该是简单地取代人类智能，而是通过与人类智能的结合和协同，实现更高级别的智能。AI 技术和人类智能的结合，可以更好地解决复杂的问题，促进科技和社会的进步。

2. AI 伦理

AI 技术的快速发展和使用，在提高工作学习效率的同时，也带来了一系列的伦理问题，如道德、责任、公正、透明度等。主要包括以下几方面：

（1）道德问题：AI 系统的决策是否符合道德标准，如是否会伤害人类利益、是否遵守伦理准则等。

（2）责任问题：AI 系统在决策过程中是否承担责任，如机器出现故障造成的后果应由谁负责等。

（3）公正问题：AI 算法是否能够公正地对待所有人，是否会存在算法歧视等问题。

（4）透明度问题：AI 算法是否具有可解释性，是否能够清晰地告诉用户决策过程的依据等。

为解决上述问题，目前已经出现了一系列的 AI 伦理框架和准则，如联合国 AI 道德准则、美国白宫人工智能政策等。这些伦理框架和准则都强调了 AI 算法的公正。

ChatGPT 的面世打开了通向人工通用智能（Artificial General Intelligence，AGI）之路，即开始进入了人工智能的更高层次，可以实现自我学习、自我改进、自我调整，进而解决任何问题不需要人为干预。AGI 时代正在加速到来，"人工智能将淘汰人"的论调加剧了个体焦虑与危机感。但其实生产力工具与人类关系的底层逻辑并不是简单地替代，而是通过改变对个体的能力评价体系，产生人的价值分层。未来，传统的"掌握通识知识、流程性工作能力等"要求会逐步成为隐藏的底层要求，更显性、高层次的要求则是"创造性价值以及高效利用工具解决问题"的能力。面对巨变，人类除了摒除焦虑、拥抱变革外，更应该心存敬畏。

3. AI 对人类的挑战

人工智能始终是科幻作品的热门选题，这也反映出了 AI 的不断发展对人类造成的挑战。特别是 2024 年 2 月 OpenAI 发布的 Sora，再次引起全球热议和担忧。有人认为 AI 的发展是硅基文明对碳基文明的挑战。在这里，我们不妨来问问 ChatGPT 的想法。

提问：有人认为 AI 的发展是硅基文明对碳基文明的挑战，你怎么看？

回答：对于"AI 的发展是硅基文明对碳基文明的挑战"这一观点，我们可以从多个维度进行深入分析和探讨。首先，这一论断本身蕴含着对 AI 与人类社会（碳基文明）关系的深刻思考，同时也引发了对未来科技发展趋势、人机关系、伦理道德以及社会结构等方面的广泛讨论。

（1）**科技发展视角**：从科技发展的角度看，AI 作为一种基于硅基半导体技术的高级计算形式，其迅猛发展确实在某种程度上对传统的以人类（碳基生命形式）为中心的社会结构和文明形态提出了挑战。AI 技术的应用范围从基础研究、工业生产到日常生活的方方面面，都在深刻地影响和改变着人类的生产方式、生活习惯以及认知方式。

（2）**人机关系视角**：AI 的发展促使我们重新审视人机关系，特别是在智能化程度日益提高的背景下，AI 是否会超越人类、控制甚至取代人类的担忧不绝于耳。从合作共存的角度出发，AI 可以视为人类文明发展的一个工具和伙伴，而非对立面。理想情况下，AI 的发展应服务于人类社会的整体福祉，帮助解决复杂问题、提高生产效率和生活质量，而非构成威胁。

（3）**伦理道德视角**：AI 发展所带来的伦理道德挑战也不容忽视。随着 AI 技术在医疗、司法、金融等敏感领域的应用，数据隐私、机器偏见、责任归属等问题逐渐浮现。如何确保 AI 技术的公正性、透明性和可解释性，保护个人隐私和社会公平，是当前和未来 AI 发展中亟须解决的问题。

（4）**社会结构视角**：AI 的快速发展还可能对社会结构产生重大影响，包括劳动市场的变化、教育需求的转变以及社会分层的深化等。自动化和智能化可能会导致传统职业的消失和新型职业的出现，这对劳动力市场和教育体系提出了重大挑战。同时，技术获取和掌握的不平等也可能加剧社会不平等。

结论：

总而言之，AI 的发展确实在某种程度上代表了硅基文明对传统碳基文明的挑战，但这种挑战更多地应被视为人类社会发展进程中的一个组成部分,而非对立面。通过加强跨学科研究、伦理规范的制定、政策制定者和社会各界的共同努力,我们可以指导 AI 技术朝着更加人性化、道德化和社会化的方向发展,实现人类与 AI 的和谐共生,共同推进人类文明的进步。

提问:能否将你的观点总结为 200 字左右的文本?

回答:AI 的发展被某些观点视作硅基文明对碳基文明的挑战,这一观点触及了人工智能技术对人类社会的深刻影响及其潜在挑战。从科技进步、人机关系、伦理道德及社会结构 4 个维度进行分析,AI 技术的快速发展确实在改变人类的生产方式、生活习惯和社会结构,同时带来了伦理道德上的重大考验,如数据隐私保护、机器偏见避免和责任归属明确等问题。然而,这种所谓的"挑战"更应被视为人类社会发展的催化剂,促使我们思考如何使 AI 技术更好地服务于人类,实现与人类文明的和谐共生。通过跨学科合作、制定合理的伦理规范和政策,我们有能力引导 AI 技术向有益于人类福祉的方向发展,共同推动人类社会向更加公正、高效和可持续的未来迈进。

2.2.2 探索问题本质

借助上面"文心一言"给出的回答,我们大致对高考平行志愿录取算法有了一个初步的了解。然而,还存在个性化问题,如某直辖市的赋分规则。还需要认真梳理处理流程,找到这个问题的本质。

为了解决高考平行志愿录取程序设计问题,首先需要知道高考录取流程,然后才能设计出解决问题的方案。在高考录取过程中一般要完成以下几个工作:

(1)高考成绩赋分。根据高考原始成绩和赋分规则,完成赋分,得到每个考生最后的高考成绩。

(2)考生位次排序。根据高考总分和总分一致时的排位规则,确定每位考生高考成绩的排名位次。

(3)招生计划查询。各招生院校公布招生计划,考生可以查询所有院校的招生计划。

(4)填报志愿。考生根据各院校招生计划和个人高考位次,填报志愿。

(5)志愿录取。根据各学院招生计划和考生志愿,按照平行志愿录取规则进行录取操作。

(6)录取结果查询。考生或院校都可查询录取结果。

在日常生活中要完成一项较复杂的任务时,人们通常会将任务分解成若干子任务,通过完成这些子任务最终实现完成复杂任务的整体目标。在利用计算机解决实际问题时,也通常是将原始问题分解成若干子问题,对每个子问题分别求解后再根据各个子问题的解求得原始问题的解,这种解决问题思想就是计算机领域中常用的"分而治之"的思想,设计的相应算法也称为分治算法。

利用计算机求解高考平行志愿录取问题,我们采用"分而治之"的思想,完成上述各项工作,就可以完成高考平行志愿录取算法设计与实现这一整体任务。

2.3　How——拓展求解问题必备的知识和能力

2.3.1　计算机求解实际问题的基本步骤

利用计算机完成任务,我们首先需要了解用计算机求解问题的过程。图 2-1 所示的是人类使用计算机求解实际问题的基本步骤。

（1）将实际问题抽象成数学模型。分析问题,从中抽象出要处理的对象,用数据的形式对问题加以描述。

（2）设计求解方案及具体算法。对描述问题的数据设计出相应的处理方法,从而达到求解问题的目的。设计算法是最关键的一步。

（3）编写程序实现算法。将算法翻译成计算机能够读懂的语言,期间还需要调试和测试计算机程序。

（4）运行程序求解问题。通过计算机运行程序,对描述问题的数据按照所设计的算法进行处理,最终得到求解问题的结果。

当我们遇到需要编写计算机程序去解决问题时,并不是学会一种高级语言就行了,而是需要对问题进行分析和抽象,设计出求解问题的方案和具体算法后,才使用某种程序设计

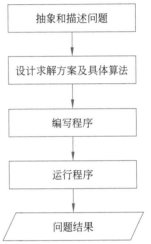

图 2-1　计算机求解问题的流程

语言(如 Python)去实现算法。对拟解决的问题进行分析和抽象,设计出求解问题的方案和具体算法是核心和重点,是问题能否成功解决的关键。

2.3.2　一种描述算法的工具——程序流程图

用计算机解决问题的算法需要用某种形式描述出来,如自然语言、程序流程图(简称流程图)、伪代码等。例 1-1 就是用自然语言描述的算法。流程图是最早出现的用图形描述算法的工具,它直观、准确,被广泛使用。

流程图中的常用符号和含义如表 2-1 所示。任何复杂的算法都可以由顺序结构、选择(分支)结构和循环(迭代)结构三种基本结构组成。因此,只要掌握三种基本结构的流程图画法,就可以画出任何算法的流程图。

表 2-1　流程图的基本符号和含义

符 号 名 称	符　　号	含　　义
开始/结束框	⬭	算法的开始或结束
输入/输出框	▱	输入数据或输出结果
处理框	▭	计算或操作

续表

符 号 名 称	符 号	含 义
判断框	◇	条件判断
流程线	→	执行方向

【例 2-1】 顺序结构流程图——摄氏度转换华氏度的算法。

这个问题很简单,用自然语言描述摄氏度转换华氏度算法如下:

① 输入摄氏度温度值 C

② 温度转换:使用公式 $F=C×9/5+32$,将摄氏温度值 C 转换为华氏温度值 F

③ 输出华氏温度值 F

这个算法就是按照一步一步的顺序进行处理的,这种结构的算法就是顺序结构。图 2-2 是用流程图这一工具描述的该算法。观察图 2-2,明显感受到流程图可以更加清晰直观地描述算法流程。

【例 2-2】 选择结构流程图——两只小猪谁的体重更重的算法。

这个问题的算法也很简单,用自然语言可以描述如下:

① 告诉两只小猪的体重 x 和 y

② 如果 x>y:

  第一只小猪重

 否则

  第二只小猪重

这种需要根据某种情况决定做哪件事的算法结构称为分支结构。图 2-3 是用流程图描述的这个算法。

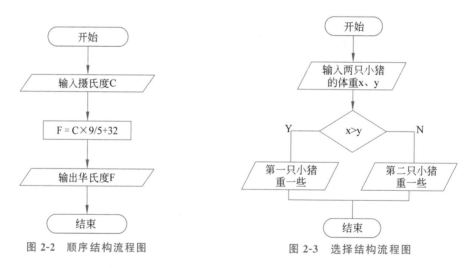

图 2-2 顺序结构流程图　　　　　图 2-3 选择结构流程图

【例 2-3】 循环结构流程图——设计求解 $1+2+3+\cdots+100$ 的算法。

这个问题可以设计一个不断重复相加的算法:

① i 表示当前要累加的那个数,初值为 1;用 sum 来保存最后的结果,初值为 0

② 如果 i≤＝100

　　　将当前的数 i 累加到 sum 中

　　　i 的值增加 1

　　　返回到"如果 i＜＝100"

　　否则（即 i＞100），就执行步骤③

③ 此时 sum 就是最终的结果

这种当满足某个条件时就重复执行某个/些操作的算法结构称为循环结构。图 2-4 是用流程图描述的这个算法。该图显示出这个算法会首先判断菱形框中"i≤100"这个条件是否满足，如果满足，就重复执行"将当前的数 i 累加到 sum 中"和"i 的值增 1"的操作；如果不满足这个条件，就执行"输出 sum"的操作，然后完成整个处理。

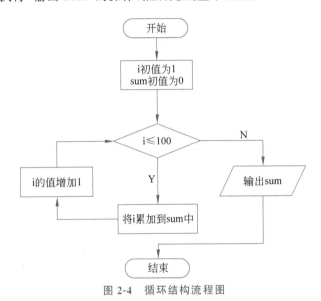

图 2-4　循环结构流程图

2.3.3　AI 助学

读者现在还完全不知道 Python 程序如何编写，但想要对它有初步的了解，此时就可以寻求 AI 工具的帮助。例如，可以把例 2-1 中用自然语言描述摄氏度转换华氏度算法问一下"文心一言"，请它写出 Python 程序。

提示：目前 AI 工具写出的程序不一定都正确或可以运行，需要人工在它基础上，进行完善和优化。

我的问题：请写出摄氏度转换华氏度的 Python 程序，具体算法步骤如下：

① 输入摄氏度温度值 C。

② 温度转换：使用公式 F＝C×9/5＋32，将设置温度值 C 转换为华氏温度值 F。

③ 输出华氏温度值 F。

文心一言的回答：以下是一个简单的 Python 程序，用于将摄氏度转换为华氏度。

```
#输入摄氏度温度值
```

```
C=float(input("请输入摄氏度温度值: "))
#转换温度值
F=(C * 9/5)+32
#输出华氏温度值
print("华氏温度值为: ", F)
```

这个程序首先会提示用户输入摄氏度温度值,然后使用公式 F＝C＊9/5＋32 将摄氏度转换为华氏度,最后输出转换后的华氏温度值。

如果将"文心一言"给出的这个 Python 程序在 Jupyter Notebook 下运行,是可以正常运行且结果完全正确的。

现在,我们应该有所体会,使用计算机运行程序去解决一个问题,如果我们能够把算法描述清楚,包括输入、要进行的处理和输出,那么就可以让 AI 工具帮助我们快速编写出一个 Python 程序初稿。我们可以在 AI 工具的基础上再继续工作,这样可以大幅度提高我们的工作效率。在解决问题的 5E 路径上,出于好奇心提出话题 Excitation、发现问题本质 Exploration 以及学习并设计出解决问题的方法 Enhancement 这 3 个阶段变得更加重要,是学习者更要关注和聚焦培养的基本能力。

2.3.4　Python 语言基础

设计了算法以后,就需要用 Python 编写程序实现这些算法。有了流程图,就可以很容易地用某种计算机高级程序设计语言实现算法。计算机程序本身是一条一条按顺序执行的,即本质上是顺序结构。

【例 2-4】　用 Python 语言编程实现图 2-2 描述的摄氏度转换华氏度算法。

```
1    '''
2    This is my first Python program
3    Author: Hong  Zhao
4    Create Date: 09/20/2023
5    '''
6    #摄氏度转换华氏度
7    C = eval(input('请输入摄氏度的值'))        #输入
8    F=C * 9/5+32                            #处理
9    print('转换后的华氏度为%.2f'%F)          #输出
```

下面,我们通过例 2-4 的 Python 代码,学习 Python 的几个基本语法。

2.3.4.1　注释

例 2-4 的第 1 行到第 5 行中间的文字,以及第 6 行、第 7 行到第 9 行"＃"号后面的文字都是注释。高级程序设计语言中的注释是为增强代码可读性而添加的描述文字,主要作用是开发者用来描述代码的相关信息,如开发时间、开发人、功能等。在运行代码时注释的文字并不会被执行。

Python 语言提供了单行注释和多行注释两种方式。单行注释以"＃"作为开始符,"＃"后面的文字都是注释。多行注释以连续的三个单引号"'''"或三个双引号""""""作为开始符和结束符。

　　执行上面程序代码,首先屏幕上会显示提示信息"请输入摄氏度的值:",假设我们从键盘上输入的是 38,按 Enter 键后,程序会将输入的 38 存储在 C 中。然后执行第 8 行计算语句得到 F 值,最后在屏幕上输出"转换后的华氏度为 100.40"。

```
请输入摄氏度的值: 38
转换后的华氏度为100.40
```

图 2-5　例 2-4 代码的运行情况

　　这个程序的运行情况如图 2-5 所示。

　　可以看到,注释文字不会被执行。

2.3.4.2　常量与变量

　　常量是指在程序运行过程中值直接给出且不能发生改变的量。如例 2-4 中的第 8 行代码中的 9、5、32 和第 7 行代码中的'请输入摄氏度的值'。Python 中用一对单引号或一对双引号括起来来表示字符串常量,如'请输入摄氏度的值'就是用一对单引号括起来的字符串常量,它真正的值是:请输入摄氏度的值。

　　变量是指在程序运行过程中值可以发生改变的量。与数学中的变量一样,需要为一个变量指定一个名字,如例 2-4 中的第 7 行代码中的 C 和第 8 行代码中的 C 和 F 都是变量。

　　Python 中的变量在使用前不需要先定义,当为一个变量赋值后,则该变量会自动创建。如例 2-4 中的 C 和 F。

　　Python 给变量命名的规则如下:

　　(1) 变量名可以包括字母、数字和下画线,但开头字符只能是字母或下画线。例如,3XYZ 就是无效变量名。

　　(2) Python 已经使用的标识符(系统关键字)用户不能再用于命名变量。例如,break、if、for 等都已被 Python 语言本身使用,不能再作为变量名使用。

　　(3) Python 的变量名区分大小写。例如,C 和 c 是两个不同的变量。

【例 2-5】　变量定义示例。

```
1    X=10
2    print(X)
3    name,age,score,major='张三',18,650,'数字经济'
4    print(name)
5    print(age)
6    print(score)
7    print(major)
```

　　例 2-5 中的第 1 行,定义了一个数据类型是整型的变量 X。Python 允许同时定义多个变量,第 3 行就同时定义了 name、age、score、major 4 个变量,分别是字符串、整型、整型和字符串。

　　这个程序的运行情况如图 2-6 所示。

```
10
张三
18
650
数字经济
```

图 2-6　例 2-5 代码的运行情况

2.3.4.3　基本数据类型

　　Python 提供了基本的数据类型,分别是 int(整型)、float(浮点型)和 complex(复数类型)、Boolean(布尔型)。

1. 整型

整型数字包括正整数、0、负整数，不带小数点，无大小限制。例 2-5 中的变量 age 和 score 都是整型，分别存储整数 18 和 650。

2. 浮点型

浮点型可以用来表示实数，如 3.14159、21.8 等。还可以用科学计数法来表示浮点数。如 1.25e3，其中 e 代表 10 的幂次，所以，1.25e3 所表示的浮点数是 $1.25 \times 10^3 = 1250.0$。

3. 复数类型

复数由实部和虚部组成，书写格式为：

x＋yj 或 x＋yJ

其中，x 和 y 是两个浮点数，j 或 J 是虚部的后缀，x 表示实部、y 是虚部。

4. Boolean（布尔）类型

Python 语言中提供了 Boolean（布尔）类型，用于表示逻辑值 True（逻辑真）和 False（逻辑假）。Boolean 类型作为整数参与数学运算时，False 自动转为 0，True 自动转为 1。

5. String

Python 语言中的 String 类型用于保存字符串。Python 中的字符串可以写在一对单引号中，也可以写在一对双引号或一对三引号中，String 的具体使用方法和三种引号的区别将在第 3 章介绍。

2.3.4.4 算术运算符与算术表达式

计算机中的数据处理实际上就是对数据按照一定的规则进行运算。算术运算，如我们最熟悉的加、减、乘、除，是计算机支持的最主要和最基本的运算之一。由算术运算符和它所操作的数值型数据就构成了算术表达式。假设 x＝10，y＝3，表 2-2 是 Python 中的算术运算符、算术表达式及功能描述。

表 2-2　算术运算符及算术表达式

运算符	算术表达式	功 能 解 释	表达式的结果
＋（加）	x＋y	x 与 y 相加	13
－（减）	x－y	x 与 y 相减	7
＊（乘）	x＊y	x 与 y 相乘	30
/（除）	x/y	x 除以 y	3.3333333333333333
//（整除）	x//y	x 整除 y，返回 x/y 的整数部分	3
%（模）	x%y	x 整除 y 的余数，即 x－x//y 的值	1
－（负号）	－x	x 的负数	－10
＋（正号）	＋x	x 的正数（与 x 相等）	10
＊＊（乘方）	x＊＊y	x 的 y 次幂	1000

算术表达式可以由多个算术运算符、常量和变量共同构成，如例 2-4 第 8 行"C＊9/5＋32"。

关于算术运算符,可扫描二维码学习更多细节。

提示:初学者一般记不住这些运算符号,这完全不必焦虑,在用到相关算术运算时,查表 2-1 即可。

2.3.4.5　赋值运算符与赋值表达式

例 2-4 的第 8 行代码"F＝C＊9/5＋32"就是一个赋值表达式,其含义是先计算算术表达式"C＊9/5＋32"的值,然后将结果赋值给变量 F,"＝"就是赋值运算符。注意,高级程序设计语言中的赋值运算符不是数学上"等于"。如果有代码"i＝i＋1",含义是将变量 i 原来的值加 1 后再赋值给变量 i。

Python 中除了最常用的"＝"赋值运算符,还有几个复合赋值运算符,但可以忽略。感兴趣的读者可以自己学习。

2.3.4.6　关系运算符与关系表达式

关系运算符的作用是对两个操作数对象的大小关系进行判断,比较结果为逻辑真或逻辑假。假设 x＝10,y＝3,表 2-3 是 Python 中的关系运算符、关系表达式及功能描述。

表 2-3　关系运算符及关系表达式

运 算 符	表达式	功 能 解 释	表达式的结果
＝＝(等于)	y＝＝x	如果 y 和 x 相等,则返回 True;否则,返回 False	False
!＝(不等于)	y!＝x	如果 y 和 x 不相等,则返回 True;否则,返回 False	True
＞(大于)	y＞x	如果 y 大于 x,则返回 True;否则,返回 False	False
＜(小于)	y＜x	如果 y 小于 x,则返回 True;否则,返回 False	True
＞＝(大于或等于)	y＞＝x	如果 y 大于或等于 x,则返回 True;否则,返回 False	False
＜＝(小于或等于)	y＜＝x	如果 y 小于或等于 x,则返回 True;否则,返回 False	True

提示:初学者记不住这些运算符号很正常,也不必焦虑,在用到相关运算时,查表 2-3 即可。

2.3.4.7　逻辑运算符与逻辑表达式

逻辑运算符的作用是对两个逻辑对象进行逻辑判断,逻辑对象可以是关系运算表达式的结果。逻辑运算符只有三个。假设 x＝True,y＝False,表 2-4 是 Python 中的逻辑运算符、逻辑表达式及功能描述。

表 2-4 逻辑运算符及逻辑表达式

运 算 符	表达式	功 能 解 释	表达式的结果
and(逻辑与)	x and y	如果 x 和 y 都为 True,则返回 True;否则,返回 False	False
or(逻辑或)	x or y	如果 x 和 y 都为 False,则返回 False;否则,返回 True	True
not(逻辑非)	not x	如果 x 为 True,则返回 False;如果 x 为 False,则返回 True	False

提示:初学者如果记不住这些运算符号,也不必焦虑,在用到相关运算时,查表 2-4 即可。

【例 2-6】 某公司要求员工的年龄在 20～60 岁,假设一个人的年龄放在变量 age 中,写出判断这个人是否符合该公司的年龄需求的逻辑表达式。

解:这是判断 age 是不是在 20～60 内的问题,需要进行 age>=20 和 age<=60 关系比较,以及两个条件是否能同时满足的逻辑判断的问题,两个条件要同时满足,这是逻辑与运算,需要使用逻辑运算符 and。因此,判断 age 是否满足要求的逻辑表达式为:

```
age>=20 and age<=60
```

正确地写出逻辑表达式是学习程序设计的一个最基本能力,但对初学者往往比较困难。在完全没有思路时,记住用 AI 工具。需要提醒的是,对 AI 工具给出的结果,一定要进行仔细研读,这样才能提升自己独立写出正确逻辑表达式的能力。下面就用例 2-6 的问题问"文心一言",看看它给出的答案。

AI 助学:

我的问题:某个公司要求员工的年龄在 20～60 岁,假设一个人的年龄放在变量 age 中,写出判断这个人是否符合该公司的年龄需求的逻辑表达式。

文心一言的回答:根据您给出的信息,判断一个人是否符合该公司的年龄需求的逻辑表达式是:

```
age >= 20 and age <= 60
```

这个逻辑表达式的含义是:一个人的年龄大于或等于 20 且小于或等于 60,那么这个人就符合该公司的年龄需求。

关于赋值运算符、关系运算符和逻辑运算符,可扫描二维码学习更多细节。

2.3.4.8 标准输入与输出

一个程序一般包括数据输入、数据处理和结果输出。例 2-4 的第 7 行和第 9 行代码就分别是 Python 的标准输入和输出。第 7 行的 input 函数是标准输入函数,即从键盘输入到内存。第 9 行的 print 是标准输出函数,即将内存中的数据向屏幕输出。

1. 标准输入——input 函数

input 函数的功能是接收标准输入的数据(即从键盘输入),函数的返回值为读入的字符串。input 后圆括号内的字符串是提示用户如何进行输入,体现程序的用户友好性,在用户知道如何进行输入时,也可以不写提示信息。

【**例 2-7**】　input 函数使用示例。

(1) 示例 1:

```
1   name = input("请输入你的姓名")
2   print(name+'你好,欢迎学习 Python 语言程序设计!')
```

执行上面程序,首先屏幕上会显示提示信息"请输入你的姓名",假设我们输入的是"晓明",按 Enter 键后,屏幕上会输出"晓明你好,欢迎学习 Python 语言程序设计!"。

这个程序的运行结果如图 2-7 所示。

(2) 示例 2:

```
1   name = input()
2   print(name+'你好,欢迎学习 Python 语言程序设计!')
```

执行上面程序,首先屏幕上会直接出现一个输入框(无任何输入提示信息),假设我们输入的是"晓明",按 Enter 键,屏幕上会输出"晓明你好,欢迎学习 Python 语言程序设计!"。

这个程序的运行结果如图 2-8 所示。

请输入你的姓名:晓明 晓明你好,欢迎学习Python语言程序设计!	晓明 晓明你好,欢迎学习Python语言程序设计!
图 2-7　例 2-7 示例 1 运行结果	图 2-8　例 2-7 示例 2 运行结果

示例 1 和示例 2 的功能是一样的,如果是你使用这个软件,你更喜欢使用哪一个? 为什么?

2. eval 函数

例 2-4 的第 7 行代码在 input 前有一个 eval。这个 eval 是一个函数,功能是计算圆括号内字符串所对应的表达式的值并返回计算结果。eval 后圆括号的内容必须是一个有效的 Python 表达式,即必须是合法的可计算的表达式,比如"3+2"或"5 * 3+8"等。如果是"8+ * 2"则会报 SyntaxError 错误。

【**例 2-8**】　eval 函数使用示例。

(1) 示例 1:

```
1   val=eval('5 * 3+8')
2   print(val)
```

执行上面的程序,eval('5 * 3+8')是将字符串"5 * 3+8"所对应的表达式的值 23 赋值给变量 val。程序运行结果是在屏幕上输出 23。

(2) 示例 2:

```
1   val=eval('8+ * 2')
2   print(val)
```

这个程序的运行结果如图 2-9 所示。

这个运行结果说明第 1 行代码中存在 SyntaxError 错误,这个错误是语法错误。

eval 函数如果与 input 函数结合使用，则是将 input 函数返回的字符串转换为对应的表达式的结果。如例 2-4 中第 2 行代码将键盘输入的摄氏度的值保存在变量 C 中。

```
File "<string>", line 1
  8+*2
     ^
SyntaxError: invalid syntax
```

图 2-9　例 2-8 示例 2 运行结果

思考：

① 如果例 2-4 程序运行后输入的不是一个数值，程序可以正常运行吗？

② 如果把例 2-4 中的第 7 行代码修改成 C=input('请输入摄氏度的值')，程序还可以正常运行吗？

3. 标准的输出——print 函数

print 函数的功能是将数据输出到屏幕上。

【**例 2-9**】　print 函数直接输出。

```
1    print('hello world!')                    #输出字符串
2    print(8)                                  #输出整数
3    print(3.25)                               #输出小数
4    print(2+3j)                               #输出复数
```

上面程序的第 1 行代码是输出字符串；第 2 行代码是输出整数；第 3 行代码是输出小数；第 4 行代码是输出复数。

这个程序的运行结果如图 2-10 所示。

```
hello world!
8
3.25
(2+3j)
```

图 2-10　例 2-9 结果情况

读者可能要问，在例 2-4 第 9 行代码 "print('转换后的华氏度为%.2f'%F)" 中，出现的 "%.2f" 是什么意思？这是 print 函数按照指定格式输出数据。百分号(%)是 Python 中一个通用的运算符，它即可以是取模的算数运算符，也可以是进行百分比计算的运算符，还可以是用于表示数据输出的格式。

下面是几种常用的格式：

(1) %f 表示输出的是实数。如果有%10.2f，则表示输出的数据是实数，格式为宽度 10 且保留 2 位小数。

(2) %d 表示输出的格式是整数。

(3) %s 表示输出的格式是字符串。

另外，还有 f-string 输出。f-string 是一种简洁的格式化方法，它在字符串前加上 f 或 F，并在字符串内部使用{}来包含变量或表达式。

【**例 2-10**】　print 函数的格式化输出。

```
1    name = "张珊"
2    age = 18
3    print('我的名字叫%s'%name)                      #%s 表示以字符串形式输出
4    print('我今年%d岁'%age)                          #%d 表示以整数形式输出
5    print(f"My name is {name} and I am {age} years old.")  #f-string 格式化输出
6    pi=3.1415926
7    print('第一种小数格式%f'%pi)                      #%f 表示以小数形式输出
```

```
8    print('第二种小数格式%10f'%pi)      #%10f 表示输出的数据宽度为 10
9    print('第三种小数格式%10.2f'%pi)    #%10.2f 表示输出的数据宽度为 10 保留 2 位小数
```

在上面的代码中：

第 3 行中的"我的名字叫%s"里的%s 表示要在"我的名字叫"后面接着输出一个字符串,后面的"%name"说明要输出的这个字符串是谁。其他的%类似。

第 5 行使用的是 f-string 格式,输出一个字符串,其中的{name}和{age}用变量的值,即张珊和 18,替换。程序运行结果如图 2-11 所示。

2.3.4.9　程序书写规范

Python 语言通过缩进方式体现各语句之间的逻辑关系,即语句所处的逻辑层。Python 语言对于行首的缩进方式没有严格限制,既可以使用空格,也可以使用制表符(Tab 键),常用的对代码进行一个层次缩进的方式有：1 个制表符,2 个空格或 4 个空格。对于同一逻辑层次的代码,必须使用相同的缩进方式,否则会报错。

【例 2-11】　用 Python 实现分支结构的算法。根据图 2-3 的程序流程图,用 Python 实现两只小猪谁的体重重的算法。

```
1    '''
2    两只小猪称体重
3    日期:10/02/2023
4    '''
5    x=eval(input('请输入第一只小猪的体重,单位(kg)'))
6    y=eval(input('请输入第二只小猪的体重,单位(kg)'))
7    if x>y:
8        print('第一只小猪更重一些')
9    else:
10       print('第二只小猪更重一些')
```

上面程序第 8 行和第 10 行的代码相比其他行,行首有缩进(此处缩进了 4 个空格),这表示在逻辑层次上第 8 行是第 7 行的下一层代码,第 10 行是第 9 行的下一层代码。当第 7 行"x>y"这个关系条件满足时,才去执行第 8 行代码,否则会去执行第 10 行代码。

执行上面程序代码,首先屏幕上会显示提示信息"请输入第一只小猪的体重,单位(kg)",假设从键盘上输入第一只小猪的体重 35,按 Enter 键,屏幕上继续输出提示信息"请输入第二只小猪的体重,单位(kg)",假设从键盘上输入第二只小猪的体重 50 并按 Enter键,程序会执行 if 语句判断两个体重大小,最后在屏幕上输出"第二只小猪更重一些"。

这个程序的运行结果如图 2-12 所示。

```
我的名字叫张珊
我今年18岁
My name is 张珊 and I am 18 years old.
第一种小数格式3.141593
第二种小数格式  3.141593
第三种小数格式      3.14
```

图 2-11　例 2-10 运行结果

```
请输入第一只小猪的体重, 单位 (kg) : 35
请输入第二只小猪的体重, 单位 (kg) : 50
第二只小猪更重一些
```

图 2-12　例 2-11 代码运行结果

上面程序中的 if else 是 Python 中用于处理分支操作的语句,在此仅仅有个了解即可,

第 3 章将进行专门的学习。

【例 2-12】 用 Python 实现循环结构的算法。根据图 2-4 的程序流程图,用 Python 实现求解"1+2+3+…+100"的算法。

```
1   #计算 1+2+3+…+100 的和
2   sum=0                    #将记录累加和的变量 sum 初值设为 0
3   for i in range(1,101):   #从 i 为 1 开始循环,每次循环结束后,i 增加 1,当 i 变为
                             #101 时不再循环
4       sum=sum+i            #每次将 i 累加到 sum 中
5   print(sum)               #输出累加和 sum
```

运行该程序,直接在屏幕输出"5050"。

上面程序第 4 行代码同样进行了缩进(此处缩进了 4 个空格),语句的层次逻辑是第 4 行位于 2、3 和 5 行的下一层。上面程序中的 for 是 Python 中用于处理循环操作的语句;程序中用到了 range 函数,其功能是生成一系列连续的整数,一般用于 for 循环中。运算符 in 判断循环变量 i 是否在 range 函数生成的数字序列内。在此对 for、in 和 range 函数仅仅有一个了解即可,第 3 章将展开学习。

提示:读者此时对 Python 和 Python 程序有一个感觉即可,不要急于记住 Python 的语法细节。后面围绕解决问题的需要,会有更多 Python 的学习和应用,你会在不知不觉中掌握用 Python 解决问题的基本思路和方法。

2.4 Done——设计出问题的求解方案

2.4.1 平行志愿录取程序流程图

我们已经学习了利用计算机解决问题的基本步骤和描述算法的流程图,下面就具体抽象要解决的问题,设计出问题的求解方案。

要完成"平行志愿录取算法的设计与 Python 实现"任务,我们就要完成 Exploration 阶段划分的 6 个子任务。这几个任务的处理有先后关系,图 2-13 是用流程图这一工具来描述这个处理过程。

在图 2-13 中,矩形表示要进行的处理,平行四边形是处理的输入或处理结果的输出。例如,对于科目赋分处理,需要原始的高考成绩;赋分后根据总成绩,进行考生位次计算处理,得到考生位次的输出。

2.4.2 平行志愿录取各子任务功能设计

下面是图 2-13 中每个子任务的功能:

(1) 高考成绩赋分。按照 1.4.2 节介绍的某直辖市赋分规则,语文、数学、外语三门主科按照原始分(每科满分 150)计入高考成绩;其余 6 个科目即政治、历史、地理、物理、化学、生物按照表 1-4 给出的 5 等 21 级赋分规则进行赋分,最低起点赋分 40 分,最高终点赋分 100 分;最后将 6 门(语文、数学、外语三门必考科目,和考生在 6 门水平等级性考试科目中自主

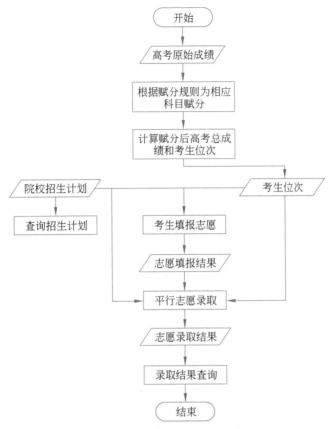

图 2-13 平行志愿录取算法流程图

选择的三门)科目的成绩相加,得到赋分后的总成绩(满分 750 分)。

(2)计算考生总成绩及位次。对赋分后的高考总成绩进行排序,得到考生的位次信息。确定位次的规则是:当若干名考生高考录取总成绩(含政策加分)相同时,将依次按照语文、数学、外语单科成绩,等级性考试三门科目中最高成绩、次高成绩,由高到低排序。

(3)招生计划查询。根据各招生院校公布的招生计划,输入院校名称,则显示该院校的所有专业及招生人数信息;输入专业信息,则显示所有招收该专业的院校及招生人数信息。

(4)平行志愿填报。考生根据各院校招生计划和个人高考位次,填报志愿,每位考生可以填报多个学校的多个专业。

(5)平行志愿录取。某直辖市按照"分数优先、遵循志愿、一次投档、不再补档"的规则进行录取。录取时首先将符合录取分数线的考生成绩从高分到低分进行排序,然后依次检索每名考生填报的院校专业组志愿,结合考生填报的志愿顺序进行录取。

(6)录取结果查询。录取结果公布后,考生可输入考号查询自己的录取结果,院校可查询本校各专业的录取情况。

2.4.3 任务划分

我们对 2.4.2 节明确的要完成的任务及其具体功能进行进一步梳理和划分,可以发现:

（1）"高考成绩赋分"和"计算考生总成绩及位次"两部分，是志愿录取前的基础数据准备工作。因此，我们需要进行前期处理，得到相关数据即可。

（2）"招生计划查询"和"平行志愿填报"两个功能面向的是考生，且有一定的逻辑关系，即考生需要先查询招生计划，再进行平行志愿填报。因此，我们可以设计一个独立的"简易平行志愿填报系统"，考生用户登录后，就可以使用招生计划查询和平行志愿填报两个功能。

（3）"平行志愿录取"功能面向的用户是工作人员，而非考生。因此，可以设计一个独立的"简易平行志愿录取系统"，工作人员登录后就可完成平行志愿的录取工作。

（4）"录取结果查询"功能面向考生，也面向院校。因此，我们也设计一个独立的"简易平行志愿录取结果查询"系统，考生登录后可查询自己的录取结果，院校登录后可查询本校各专业的录取情况，高考管理人员登录后可查询考生及各院校的情况。

表 2-5 是对要完成的任务的划分结果。

表 2-5 任务划分结果

任　　务	功　　能
数据准备	完成考生成绩及招生计划数据的准备
简易志愿填报系统	面向考生，可进行招生计划查询及志愿填报
简易志愿录取系统	面向工作人员，进行平行志愿录取
简易录取结果查询系统	面向考生，查询自己的录取结果 面向院校，查询本校各专业的录取情况 面向高考管理人员，查询考生及各院校的情况

2.5 Whether——评价与反思

我们已经进行了整体方案设计，明确了高考平行志愿录取需要完成的几个任务及它们之间的逻辑关系，以及各个子任务的功能。但是，我们并没有给出详细的实现方法，还存在一些需要进一步明确和解决的问题。

2.5.1 可能存在的问题

事实上，在具体处理时还会面临很多具体问题。

（1）原始数据获取问题：如何获得高考原始成绩？如何获得各院校的招生计划？如何获得考生填报的志愿？

（2）大量数据的存储和读写问题：几万甚至几十万的考生信息如何存储？如何读写？

（3）在处理查询操作时，是不是需要对一些统计结果进行直观的可视化显示？

本教材的主旨是通过学习使用 Python 完成一个简易平行志愿录取程序这一媒介，构建学习者的问题逻辑认知模式。虽然我们已经对问题进行了大量的简化，但在未来具体完成每一个任务时，还需要按照 5E 路径，分析问题本质、设计出详细的解决方案、学习相关方法并真正去解决问题。下面是解决一个问题的思维过程示例。

2.5.2　自主拓展学习·尝试解决一个具体小问题

【例 2-13】　问题：如何用 Python 计算考生的高考总成绩。

分析：考生的高考成绩包括语文、数学、外语原始成绩，外加学生自主选择的三门课程赋分后的成绩。在此先简化问题，只求一名考生的总成绩，未来再求所有考生的总成绩。假设该考生赋完分后的语文、数学、外语、历史、地理、政治成绩分别为 135、121、136、87、92、79分。求总成绩就是将这 6 门成绩进行求和，可以设计与例 2-3 一样的循环结构的算法，重复6 次加法即可求出总成绩。但我们发现这个问题又与例 2-3 有所不同，即这 6 门课程的成绩如何被表示呢？

2.5.2.1　AI 助学

我的问题：Python 中，如何表示 6 门课程的成绩？成绩分别为 135、121、136、87、92、79分。

文心一言回答：在 Python 中，您可以使用多种方式来表示和存储 6 门课的成绩。以下是其中几种常见的方法。

（1）使用列表（List）：

```
#定义一个列表来存储 6 门课的成绩
grades = [135, 121, 136, 87, 92, 79]
```

（2）使用 NumPy 数组（如果需要执行数值计算）：

```
import numpy as np
#定义一个 NumPy 数组来存储 6 门课的成绩
grades = np.array([135, 121, 136, 87, 92, 79])
```

（3）使用 Pandas DataFrame（如果需要更多的数据处理功能）：

```
import pandas as pd
#定义一个 Pandas DataFrame 来存储 6 门课的成绩
df = pd.DataFrame({
  '课程 1': [135, 121, 136, 87, 92, 79],
  '课程 2': [...]                          #这里可以添加其他课程的成绩
  ...
})
```

（4）使用字典（如果需要为每门课指定一个名称）：

```
#定义一个字典来存储 6 门课的成绩,其中键是课程名称,值是对应的成绩
grades = {
    '数学': 135,
    '英语': 121,
    '物理': 136,
    '化学': 87,
    '生物': 92,
    '地理': 79
}
```

AI 工具给出了帮助,也给出了 4 种方法的合适场景。例如,如果需要为每门课指定一个名称,那就可以使用字典。虽然读者现在还不清楚列表、NumPy 数组、Pandas DataFrame 和字典的具体含义,但鉴于我们要解决的问题是把 6 门课程的成绩表示出来并计算它们的总和,因此,可以参考第一种方法,用 List 来记录这 6 门课程的成绩。

2.5.2.2 解决问题

基于这个问题,读者可以在 AI 工具辅助下进行更多的自主拓展学习,你会发现一组数据类型相同的数,如全班同学的姓名、Python 课程成绩等,在计算机高级程序设计语言中一般用数组表示。Python 中则用"列表"这种数据类型来存储一组同类型数据。

因此,可以设计出解决 6 门成绩存储问题的方法:用列表 S 来表示考生的成绩,S[0]、S[1]、S[2]、S[3]、S[4] 和 S[5] 分别对应该考生的语文、数学、英语、历史、地理、政治成绩。这样,我们就可以写出类似例 2-13 的算法,其流程图如图 2-14 所示。

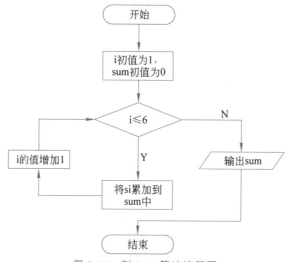

图 2-14　例 2-13 算法流程图

下面就可以根据图 2-14 的处理流程,参考例 2-12 写出 Python 程序了。

```
1    #计算 6 门课程的总成绩
2    grades=[135,121,136,87,92,79]    #在 grades 中存了 6 门课程的成绩
3    sum=0                            #sum 用来记录累加和,初值为 0
4    for i in range(0,6):
5        sum=sum+grades[i]    #grades[0]存放的是语文成绩,grades[1]存放的是数学成绩
6    print(sum)
```

提示:此时,你如果没有时间对列表、for 语句等知识进行拓展学习也没有关系,上面代码中的列表"grades=[135,121,136,87,92,79]"、for 语句和函数"range(0,6)",你暂时先怀有好奇,在第 3 章就会学习到。

2.5.3　AI 助学

当我们不理解已有代码时,可以将代码发给 AI 工具,寻求 AI 助手的帮助。

【例 2-14】　寻求 AI 帮助理解例 2-13 的代码。

我的问题：请解释下面代码的含义。

```
#计算 6 门课程的总成绩
grades=[135,121,136,87,92,79]      #在 grades 中存了 6 门课程的成绩
sum=0                              #sum 用来记录累加和,初值为 0
for i in range(0,6):
    sum=sum+grades[i]             #grades[0]存放的是语文成绩,grades[1]存放的是数学成绩
print(sum)
```

文心一言回答：这段代码是用来计算一个学生 6 门课程的总成绩。下面是每一行代码的详细解释。

```
1.#计算 6 门课程的总成绩
这是一个注释,解释了这段代码的主要功能,即计算 6 门课程的总成绩。
2.grades=[135,121,136,87,92,79]
这里定义了一个名为 grades 的列表,它包含了 6 个整数,分别代表 6 门课程的成绩。
3.sum=0
这里定义了一个变量 sum,并初始化为 0。这个变量将用来累加 6 门课程的成绩。
4.for i in range(0,6):
这是一个 for 循环,从 0 遍历到 5(不包括 6)。在该循环中,i 依次取 0、1、2、3、4、5。
5.sum=sum+grades[i]
在循环体内,这行代码将 grades 列表中索引为 i 的元素(即第 i+1 门课程的成绩)加到 sum 上。
例如,当 i 为 0 时,grades[i]就是 grades[0],即语文成绩。
6.print(sum)
循环结束后,这行代码会打印出累加后的总成绩。
总结:这段代码首先定义了一个包含 6 门课程成绩的列表 grades,然后通过 for 循环累加这 6 门
课程的成绩,并将最终的总成绩打印出来。
```

AI 工具已经比较详细地解读了这个程序,使我们对每一条语句和功能有了进一步的了解和理解。

【例 2-15】　在 AI 帮助下尝试完成一个编程任务。

Question：张珊是一名高校辅导员。学校会组织各种活动,她需要每次通过活动的合影照片统计出参加活动的人数。她想,这个任务是否能让计算机帮忙完成?

What：询问 AI,他会给出一个人脸识别的方法。要统计一张合影中有多少人的问题本质是在这张照片上框出所有的人脸,人脸的个数就是参加活动的人数。因此,这是一个在照片上识别出人脸的问题,让计算机先识别出人脸,然后再统计出人脸的数量,就完成了根据一张合影照片自动统计参加活动人数的任务。

How：张珊没有什么编程经验,感觉这是一件非常困难的工作。于是,她先在网上找了一段别人进行人脸识别的代码。虽然对代码完全不理解,但感觉出这个人脸问题好像不需要太多的处理就可以解决。于是,张珊尝试寻求 AI 的帮助,看看有没有可能借助 AI 完成这个任务。

张珊的问题：这是别人的人脸识别代码。我看不懂,请帮我解读这些代码。

```
import cv2                                    #导入第三方库 cv2
#定义一个检测人脸的工具
face_patterns = cv2.CascadeClassifier(r'C:\Users\53421\AppData\Local\Programs
\Python\Python39\Lib\site-packages\cv2\data\haarcascade_frontalface_default.
xml')
```

```
yourfaces = cv2.imread('D:\\PIC1.jpg')          #识别 PIC1.jpg 图片中的人脸
faces=face_patterns.detectMultiScale(yourfaces,scaleFactor=1.1,
minNeighbors=5,minSize=(100, 100))              #进行人脸识别
for (x, y, w, h) in faces:                      #在识别出人脸周围画出矩形
    cv2.rectangle(yourfaces, (x, y), (x+w, y+h), (0, 255, 0), 2)
    print(x, y, w, h)
cv2.imwrite('D:\\detected.png', yourfaces)      #将识别结果保存为图片
```

文心一言回答：这段代码是用于进行人脸识别的，使用了 OpenCV(cv2)这个强大的计算机视觉库。以下是对这段代码的详细解读。

（1）导入 cv2 库：

```
import cv2
```

这行代码导入了 OpenCV 库，它提供了大量的计算机视觉功能，包括图像处理、特征检测、目标跟踪等。

（2）定义人脸检测器：

```
face_patterns = cv2.CascadeClassifier(r'C:\Users\53421\AppData\Local\Programs
\Python\Python39\Lib\site-packages\cv2\data\haarcascade_frontalface_default.
xml')
```

使用 OpenCV 的 CascadeClassifier 定义一个人脸检测器。它使用 XML 文件（这里是 haarcascade_frontalface_default.xml）来定义人脸的特征。这个 XML 文件包含了用于检测人脸的 Haar 特征分类器。

（3）读取图片：

```
yourfaces = cv2.imread('D:\\PIC1.jpg')
```

使用 imread 函数读取一张图片，图片路径为 D:\PIC1.jpg。

（4）进行人脸识别：

```
faces=face_patterns.detectMultiScale(yourfaces, scaleFactor=1.1,
minNeighbors=5, minSize=(100, 100))
```

使用前面定义的人脸检测器 face_patterns 来检测图片 yourfaces 中的人脸。detectMultiScale 方法会返回检测到的所有人脸的位置（即矩形的坐标和大小）。scaleFactor 参数控制图片缩小的比例，minNeighbors 参数表示一个矩形应有多少邻居矩形才被认为是人脸，minSize 定义了人脸的最小可能大小。

（5）在识别出的人脸周围画出矩形：

```
for(x, y, w, h) in faces:
    cv2.rectangle(yourfaces, (x, y), (x+w, y+h), (0, 255, 0), 2)
print(x, y, w, h)
```

对于检测到的每一个人脸（即 faces 中的每一个矩形），使用 cv2.rectangle 在原始图片 yourfaces 上画出这个矩形。矩形的左上角坐标是(x, y)，宽度和高度分别是 w 和 h。矩形的颜色设置为绿色（BGR 格式中的(0, 255, 0)），线条宽度为 2。同时，还打印出每个人脸的坐标和大小。

（6）保存识别结果：

```
cv2.imwrite('D:\\detected.png', yourfaces)
```

使用 imwrite 函数将处理后的图片（即带有矩形框的图片）保存到 D:\detected.png。

AI 工具已经比较详细地解释了每一行代码的含义。张珊对解决这个问题有了一定的信息。下面还需要请 AI 帮助，如何统计识别出来的人脸的数量。

张珊的问题：如何基于这个人脸识别结果，统计识别出人脸的数量呢？

文心一言回答：基于已有的人脸识别结果，要统计识别出的人脸数量非常简单。在 detectMultiScale 方法调用后，返回的 faces 变量是一个包含所有检测到的人脸矩形框的列表。每个矩形框都由其左上角坐标（x，y）和宽度 w、高度 h 定义。因此，可以通过计算 faces 列表的长度来确定识别出的人脸数量。

以下是修改后的代码片段，用于统计并打印出识别出的人脸数量。

```
import cv2
#定义一个检测人脸的工具
face_patterns = cv2.CascadeClassifier(r'C:\Users\53421\AppData\Local\Programs
\Python\Python39\Lib\site-packages\cv2\data\haarcascade_frontalface_default.
xml')
yourfaces = cv2.imread('D:\\PIC1.jpg')          #读取 PIC1.jpg 图片
#进行人脸识别
faces=face_patterns.detectMultiScale(yourfaces, scaleFactor=1.1,
minNeighbors=5, minSize=(100, 100))
#统计识别出的人脸数量
num_faces = len(faces)
print(f"识别出的人脸数量：{num_faces}")
#在识别出的人脸周围画出矩形(如果需要)
for(x, y, w, h) in faces:
    cv2.rectangle(yourfaces, (x, y), (x+w, y+h), (0, 255, 0), 2)
#将识别结果保存为图片(如果需要)
cv2.imwrite('D:\\detected.png', yourfaces)
```

在这段代码中，首先调用了 detectMultiScale 方法来进行人脸识别，并将结果保存在 faces 列表中。然后使用 len(faces) 来获取这个列表的长度，即识别出的人脸数量，并将其打印出来。

注意，这段代码假设 detectMultiScale 方法能够成功执行，并且返回有效的人脸矩形列表。如果输入图片中没有检测到人脸，faces 列表将为空，因此统计出的人脸数量将为 0。如果 detectMultiScale 方法由于某种原因（如文件路径错误、图片格式不支持等）无法执行，代码将抛出异常，因此在实际应用中可能还需要添加适当的错误处理机制。

阅读 AI 的回答，张珊发现，AI 已经完全解决了这个问题。

Done：使用上面 AI 给出的代码，张珊很容易编写程序，识别照片（f:\photo.jpg）中的人脸，并统计人脸的数量。张珊编写的程序如下：

```
import cv2
#定义一个检测人脸的工具
face_patterns = cv2.CascadeClassifier(r'C:\Users\53421\AppData\Local\Programs
\Python\Python39\Lib\site-packages\cv2\data\haarcascade_frontalface_default.
xml')
```

```
yourfaces = cv2.imread('f:\photo.jpg')          #读取活动合影 photo.jpg 图片
#进行人脸识别
faces=face_patterns.detectMultiScale(yourfaces, scaleFactor=1.1,
minNeighbors=5, minSize=(100, 100))
#统计参加活动的人数
num_faces = len(faces)
print(f"参加活动的人数为: {num_faces}")
```

例 2-15 仅仅是一个在 AI 帮助下完成编程的一个小示例。对于一些复杂的问题,当前的 AI 也不一定能够给出有效帮助。但不要忘了,智能化时代的今天,在 AI 的帮助下,我们往往可以解决很多看起来不可能解决的问题。未来随着 AI 智能的飞速提高,我们将在 AI 的帮助下,聚集探索更多的未知。

2.6 动手做一做

2.6.1 能力累积

(1) 读懂并在 Jupyter Notebook 下编辑并运行例 2-4 至例 2-13 的 Python 程序,对 Python 程序有进一步的感觉。

(2) 用例 2-1～例 2-3 中自然语言或伪代码描述的算法,尝试让文心一言写出相应的 Python 程序,在 Jupyter Notebook 下修改并运行这些程序。

(3) 用 Python 编写程序实现,计算任意两个整数 x 和 y 的加、减、乘和除的结果,并将结果输出到屏幕上。在计算除法时,要考虑 y 不能等于 0。请先将梳理解决这个问题的思路,填写到如表 2-6 所示的表格中,然后编写并运行 Python。

提示:未来在设计你的计算机算法时,请参考这个思路。

表 2-6 解决问题思路

需要思考的项目	你的答案	可能用到的 Python 语法
这个问题的输入是什么?		
这个问题需要进行什么处理?		

续表

需要思考的项目	你 的 答 案	可能用到的 Python 语法
这个问题的输出是什么？有可能存在什么问题？		

如果有困难,扫描二维码,可以得到一个参考程序。

2.6.2　项目实战

确定项目组感兴趣的话题。

提示：也许 AI 工具能够提供一些帮助。

第 3 章　　　获取高考原始成绩数据

——Python 的字符串、列表、for 循环、pandas 和文件

本章使命

　　获取高考原始数据就是本章的使命。　同时,通过本章的学习,能够了解使用计算机生成模拟数据的思想和方法,并初步掌握 Python 中的字符串、列表、for 循环、pandas 和 CSV 文件的读写方法。

3.1　Question——提出问题

　　要解决高考平行志愿录取问题的第一项工作就是对高考原始成绩进行赋分,而历年的高考原始数据存储在各省教育厅,只有考生本人及有关投档高校才可以查阅,其他任何单位或个人都无权查询成绩信息。我们似乎可以向省教育厅申请使用高考原始数据。但由于高考数据涉及大量考生真实敏感信息,没有特殊需求,省教育厅一般不会向外提供。

　　我们如何用计算机模拟生成高考原始成绩数据呢?

3.2　What——探索问题本质

3.2.1　AI 助学

　　我的问题:高考包括哪些成绩数据?

　　文心一言回答:高考成绩主要包括以下几方面的成绩数据。

　　统一高考科目成绩:包括语文、数学、外语三科的成绩。其中,语文和数学以原始分计入总成绩,满分均为 150 分。外语满分也为 150 分,其中听力部分占 30 分(部分省份听力成绩不计入总分),笔试部分占 120 分。外语成绩通常是按照考生外语笔试成绩的 1.25 倍计入总分,并按照四舍五入的原则取整。

　　选择科目成绩:是指考生根据本省的高考政策,从物理、历史、化学、生物学、思想政治、地理等科目中自主选择的科目成绩。这些科目的成绩计入高考总分。具体计入方式根据各

省的高考政策而定,有的以原始分计入,有的以转换后的等级分计入,但每科满分通常为 100 分。

此外,高考还可能包括综合素质评价的成绩,这部分成绩主要考察学生的品德、思想政治素质、实践能力、创新精神等方面。不过,综合素质评价的具体实施和成绩使用方式因地区而异,需要参照当地的高考政策。

以上是关于高考成绩数据的基本构成,具体政策可能会因地区和年份的不同而有所差异。如果您需要更详细的信息,建议参考当地教育部门或相关机构发布的高考政策文件。

借助 AI 的帮助,我们对考生的高考成绩数据有了一个宏观的了解,即包括语文、数学和外语三门科目成绩以及自主选择的三门科目(即选科)成绩。这与我们对某直辖市的高考成绩的了解是一致的。

3.2.2 探索问题本质

分析某直辖市的高考原始成绩数据,至少包括学生的基本数据和 6 门成绩数据,即准考证号、考生姓名、语文成绩、数学成绩、英语成绩以及 3 门选考科目成绩。在不影响算法设计的情况下,我们将问题简化,默认每位学生高考选考科目相同,都选择了地理、历史和政治参与考试。因此,高考成绩相关数据包括考生的准考证号、考生姓名及 6 门科目成绩。

由于高考成绩真实与否并不影响高考平行志愿录取算法的设计与实现,在无法获得真实高考原始数据的情况下,我们可以用计算机模拟生成考生准考证号、姓名和 6 门科目成绩数据,这样就可以完成高考原始成绩的获取任务。

用计算机模拟的成绩数据要与真实数据具有相同的特性。高考成绩一般具有如下特征:

数学、语文、英语成绩范围为 0~150 分;其余三门选考科目成绩范围为 0~100 分。

总成绩和各科成绩均符合正态分布。图 3-1 是某直辖市某年高考成绩分布图,由图可知,真实的高考原始数据符合正态分布,即大部分考生的高考成绩在成绩平均值左右波动,成绩特别高和特别低的考生数量很少。

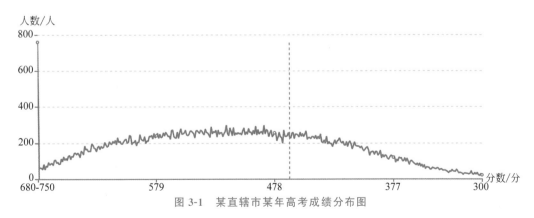

图 3-1 某直辖市某年高考成绩分布图

至此,我们要模拟的高考原始成绩数据将与表 3-1 所示的数据类似。其中,我们规定了准考证号的构成规则,即 KS+5 位的考生序号,默认考生不超过 99 999 人。

表 3-1　考生信息结构

准考证号	姓名	语文	数学	英语	历史	地理	政治
KS00001	张珊	109	120	114	78	82	90
KS00002	李思	123	116	137	84	92	94
KS00003	王武	133	129	132	83	85	78
…	…	…	…	…	…	…	…

因此，本章的任务就是用计算机模拟生成与表 3-1 类似的、符合高考成绩特征的高考原始成绩数据，即需要设计生成数据的算法并用 Python 语言实现，还要将生成的数据进行存储。

利用"分治算法"思想，可以将模拟生成高考原始成绩数据这个任务划分成以下要解决的两个子任务：

（1）用 Python 模拟高考原始成绩数据，包括准考证号、考生姓名和 6 门成绩。

（2）将模拟生成的高考原始成绩数据存储到文件中。

3.3　How——拓展求解问题必备的知识和能力

使用 Python 语言模拟生成高考原始成绩，需要解决如下问题：

（1）如何表示考生数据。

（2）如何模拟生成考生数据。

（3）如何保存模拟生成的考生数据。

3.3.1　如何用 Python 表示考生数据

考生的成绩数据包括准考证号、考生姓名和 6 门成绩。其中，准考证号、考生姓名是字符串，6 门成绩是整数。

3.3.1.1　用 String 类型表示字符串

Python 中的 String 是一种用于表示字符串的数据类型，准考证号和考生姓名等一串字符类型的信息就可以用 String 类型来表示。

1. 定义字符串

字符串是由零个或多个字符组成的序列。Python 中的字符串可以写在一对单引号、双引号或三引号中。

【例 3-1】 使用 String 类型保存字符串型数据。

```
1    s1="Hello World!"
2    s2='你好,世界!'
```

```
 3   s3="It's a cat"                        #如果把's 换成"会怎样呢?
 4   s4='It"s a dog'                        #如果把"s 换成'会怎样呢?
 5   s5='同学你好,\n 欢迎学习 Python!'
 6   s6= '''
 7   同学你好,
 8   欢迎学习 Python!
 9   '''
10   print(s1)                              #输出:Hello World!
11   print(s2)                              #输出:你好,世界!
12   print(s3)                              #输出:It's a cat
13   print(s4)                              #输出:It"s a dog
14   print(s5)
15   print(s6)
```

在上面的代码中:

第 1 行定义了一个字符串变量 s1,其值为由两个双引号“" "”括起来的字符串“hello world!”。

第 2 行定义了一个字符串变量 s2,其值为由两个单引号“' '”括起来的字符串'你好,世界!'。

第 3 行和第 4 行定义了两个字符串变量 s3 和 s4,s3 和 s4 中保存的字符串有一个共同特点,就是字符串本身已经包含一个单独的单引号或双引号,所以包含这个字符串的引号必须与字符串内的引号相区分,不能同时使用一种引号格式。即字符串内的单个引号如果是单引号,字符串外的那对引号就只能是双引号;如果字符串内的单个引号是双引号,字符串外的那对引号就只能是单引号。这样,程序才能正确识别字符串,否则程序就会报错。

第 5 行代码定义了一个字符串变量 s5,其值为一个字符串,但这个字符串内部包含一个特殊字符'\n',这个字符在 Python 中是转义字符,含义是换行,即输出字符串“同学你好,”之后会输出一个换行符,然后在新的一行继续输出字符串“欢迎学习 Python!”。第 3 行和第 4 行代码中的问题也可以使用转义字符“\'”代表单引号或使用“\"”代表双引号解决。即可将代码修改成 s3="It\'s a cat",s4='It\'s a dog',程序同样可以正确运行。什么是转义字符? Python 中还有哪些转义字符? 有兴趣的读者可以自行查阅。

第 6~9 行代码定义了一个字符串变量 s6,其值用一对三引号括起来,一对三引号括起来的字符串输出时会按照多行字符串的原样输出。

程序的运行结果如图 3-2 所示。

现在,我们已经可以用 String 类型表示考生数据中的准考证号和考生姓名了。

```
Hello World!
你好, 世界!
It's a cat
It"s a dog
同学你好,
欢迎学习Python!

同学你好,
欢迎学习Python!
```

图 3-2　例 3-1 运行结果

2. 访问字符串

Python 中通过“字符串变量名[下标]”的形式访问字符串中的某个字符。下标是指某个字符在字符串中的位置,既可以从前往后数每个字符的位置,也可以从后往前数每个字符的位置。注意,从前往后数时,下标从 0 开始数,依次增加 1;从后往前数时,下标从 -1 开始,依次减少 1。

例如,字符串“我喜欢学习 Python!”每个字符的下标如表 3-2 所示。

表 3-2   字符串中的下标

字 符 串	我	喜	欢	学	习	P	y	t	h	o	n	!
从前往后数,下标取值	0	1	2	3	4	5	6	7	8	9	10	11
从后往前数,下标取值	−12	−11	−10	−9	−8	−7	−6	−5	−4	−3	−2	−1

字符串的截取可以通过在字符串后添加"[下标开始位置:下标结束位置]"的形式截取指定范围内的字符串,得到子串。

【例 3-2】   访问字符串中的部分字符。

```
1    s='我喜欢学习 Python!'
2    print(s[3:5])          #截取从下标 3 开始到下标 5 之前,即 4 结束
3    print(s[-7:-1])        #截取从下标−7 开始,到−1 之前结束,即−2 结束
4    print(s[5:-1])         #截取从下标 5 开始,到−1 之前结束,即−2 结束
5    print(s[:11])          #截取从下标 0 开始,到 11 之前结束,即 10 结束
6    print(s[-7:])          #截取从下标−7 开始,到最后一个字符结束
7    print(s[:])            #截取全部字符
8    print(s[3])            #截取一个字符,下标为 3
```

在上面的代码中:

第 1 行代码定义了一个字符串变量 s1,其值为"我喜欢学习 Python!"。

第 2 行代码打印截取的字符串子串,截取位置从下标 3 开始,至下标 5 之前结束,所以截取的是下标为 3 和 4 的字符串子串,即"学习"。

第 3 行代码打印截取的字符串子串,截取位置从下标−7 开始,至下标−1 之前结束,所以截取的是下标为−7、−6、……、−2 的字符串子串,即"Python"。

第 4 行代码打印截取的字符串子串,截取位置从下标 5 开始,至下标−1 之前结束,所以截取的是下标为 5、6、……、10(−2)的字符串子串,即"Python"。

第 5 行代码打印截取的字符串子串,下标开始位置省略,代表截取从下标 0 开始,至下标 11 之前结束,所以截取的是下标为 0、1、……、10 的字符串子串,即"我喜欢学习 Python"。

第 6 行代码打印截取的字符串子串,下标结束位置省略,代表截取到最后一个字符,并且包含最后一个字符,所以截取的是下标为−7、−6、……、−1 的字符串子串,即"Python!"。

第 7 行代码打印截取的字符串子串,截取开始位置和结束位置都省略,代表截取全部字符,即"我喜欢学习 Python!"。

第 8 行代码打印截取的字符串中的某单个字符,下标位置为 3,所以结果为"学"。

程序运行结果如图 3-3 所示。

3. 操作字符串

1) 常用操作

Python 字符串的基本操作包括字符串拼接、字符串重复和判断是否是子串等。我们可以使用加号(+)对字符串进行拼接、使用乘号(*)对字符串进行重复、使用保留字(in 或 not in)判断一个字符串是否是另一个字符串的子串。

```
学习
Python
Python
我喜欢学习Python
Python!
我喜欢学习Python!
学
```

图 3-3   例 3-2 运行结果

【**例 3-3**】　字符串的＋、＊、in 或 not in 操作方法示例。

```
1   str1 = 'Hello'
2   str2 = ' World'
3   str3 = str1 + str2              #拼接字符串
4   print(str3)                     #输出:Hello World
5   str4 = 'Hello'
6   str5 = str4 * 3                 #重复字符串
7   print(str5)                     #输出:HelloHelloHello
8   s1 = '我喜欢学习 Python!'
9   s2 = 'Python'
10  s3 = 'C++'
11  print(s2 in s1)
12  print(s3 in s1)
13  print(s3 not in s1)
```

在上面的代码中：

第 1 行定义了一个字符串变量 str1，其值为"Helllo"。

第 2 行定义了一个字符串变量 str2，其值为" World"。

第 3 行使用＋将字符串 str1 和 str2 拼接成一个字符串，并赋值给 str3。

第 4 行打印输出拼接后的字符串 str3。

第 5 行定义了一个字符串变量 str4，其值同样为"Helllo"。

第 6 行使用＊将 str4 字符串重复三次生成一个新的字符串，并赋值给 str5。

第 7 行打印输出重复后的字符串 str5。

第 8 行定义了一个字符串变量 s1，其值为"我喜欢学习 Python!"。

第 9 行定义了一个字符串变量 s2，其值为"Python"。

第 10 行定义了一个字符串变量 s3，其值为"C++"。

第 11 行使用 in 保留字判断 s2 是否是 s1 的子串，并将判断结果输出。

第 12 行使用 in 保留字判断 s3 是否是 s1 的子串，并将判断结果输出。

第 13 行使用 not in 保留字判断 s3 是否不是 s1 的子串，并将判断结果输出。

程序运行结果如图 3-4 所示。

第 11 行、12 行、13 行的输出结果分别为 True、False、True，分别表示 s2 是 s1 的子串，s3 不是 s1 的子串，s3 不是 s1 的子串。

```
Hello World
HelloHelloHello
True
False
True
```

图 3-4　例 3-3 运行结果

Python 标准库中提供了许多操作字符串的方法，比如将其他数据类型转换为字符串的 **str** 函数（方法）；填充字符串至指定长度的 **zfill** 函数；求字符串长度的 **len** 函数；将英文单词首字母转为大写的 **title** 函数；将英文字母转为大写的 **upper** 函数；将英文字母转为小写的 **lower** 函数；去除字符串两端空白的 **strip** 函数；字符串替换 **replace** 函数；字符串分割的 **split** 函数；将字符串格式化的 **format** 函数等。有需求或感兴趣的读者可以查阅官方文档获取更多用法，下面仅介绍 str 方法和 zfill 方法的具体使用方法。

2）str 方法与 type 函数

str 方法用于将各种类型的数据转换为字符串类型。例如，可以将数字转换成字符串，也可以将列表转换为字符串。Python 中提供的 **type** 函数用于查看数据的类型。

【例 3-4】 str 方法和 type 方法的使用。

```
1    x=123
2    print(x)
3    print(type(x))              #输出变量 x 的数据类型
4    s1 = str(123)              #将数字 123 转变为字符串"123"
5    print(s1)                  #输出转化后的变量 s1
6    print(type(s1))            #输出变量 s1 的数据类型
7    ls=[1,2,3]
8    s2=str(ls)                 #将列表[1,2,3]转变为字符串"[1,2,3]"
9    print(s2)                  #输出转化后的变量 s2
10   print(type(s2))            #输出变量 s2 的数据类型
```

程序运行结果如图 3-5 所示。

3）zfill 方法

zfill 方法的功能是在字符串左侧添加若干"0"字符,以达到指定长度。

具体语法:

str.zfill(width)

其中,str 为要填充的字符串,width 为指定的字符串长度。

【例 3-5】 参考表 3-1 准考证号的格式,前两位为"KS",后 5 位为考生的序号。使用 zfill 方法生成准考证号。

```
1    #生成指定长度的字符串
2    no1 = '1'
3    #把字符 1 左侧拼接 4 个 0 返回;'KS'与返回字符串拼接成一个新字符串
4    s_no1 = 'KS'+no1.zfill(5)
5    print(s_no1)
```

程序运行结果如图 3-6 所示。

```
123
<class 'int'>
123
<class 'str'>
[1, 2, 3]
<class 'str'>
```

图 3-5　例 3-4 运行结果

```
KS00001
```

图 3-6　例 3-5 运行结果

关于 String 类型,可扫描二维码学习更多细节。

3.3.1.2　用列表表示考生的数据

在例 2-13 中我们已经知道可以使用列表这种数据类型来表示多项信息。那么,Python 中列表具体是什么样的数据类型?准考证号和考生姓名也可以放在列表里吗?如何定义和访问列表? 列表有哪些常用的方法呢? 接下来介绍 Python 中的列表。

1. 定义列表

列表(list)是一种有序的组合数据类型,可以存放零到多个元素,每一元素可以是数值型、字符串型、列表以及后面要介绍的字典等任意一种数据类型。

定义列表时,所有元素都写在一对方括号"[]"中,每两个元素之间用逗号分隔。不包含任何元素的列表称为空列表。

【例 3-6】　定义存储一名考生数据的列表,并输出列表中的内容。

```
1    #定义存储一名考生数据的列表
2    student=['KS00001','张珊',109,120,114,78,82,90]
3    print(student)                              #输出该列表
```

运行程序例 3-6,结果如图 3-7 所示。

['KS00001', '张珊', 109, 120, 114, 78, 82, 90]

图 3-7　例 3-6 运行情况

现在,我们已经可以表示一名考生的数据了。

2. 二维列表

由于列表包含的元素还可以是列表,我们可以使用列表的这一特性存储表 3-1 中的所有考生的数据。此时,列表中的每个元素都是保存某位考生数据的列表,整个列表就存储了所有考生的数据。这种列表嵌套列表的结构,称为二维(二级)列表。

【例 3-7】　定义二维列表存储表 3-1 中所有考生的数据,要求每个元素是每名考生的数据。

```
1    #定义二维列表存储表 3-1 中的考生数据,列表元素是每名考生的数据
2    stu1=[
3            ['KS00001','张珊',109,120,114,78,82,90],      #保存第一位考生数据
4            ['KS00002','李思',123,116,137,84,92,94],      #保存第二位考生数据
5            ['KS00003','王武',133,129,132,83,85,78]       #保存第三位考生数据
6        ]
7    print(stu1)
```

上面代码中的二维列表 stu1 采用的是按行存储方式,它的每个元素是一个一维列表,存储的是一名考生的准考证号、姓名和 6 门课程的成绩。

程序例 3-7 的运行结果如图 3-8 所示。

[['KS00001', '张珊', 109, 120, 114, 78, 82, 90], ['KS00002', '李思', 123, 116, 137, 84, 92, 94], ['KS00003', '王武', 133, 129, 132, 83, 85, 78]]

图 3-8　例 3-7 运行结果

现在,我们已经可以表示多名考生的数据了。

【例 3-8】　定义二维列表存储表 3-1 中的考生数据,要求每个元素是数据的一个属性。

```
1    #定义二维列表存储表 3-1 中的考生数据,列表元素是属性信息
2    stu2=[
```

```
3          ['KS00001','KS00002','KS00003'],          #按顺序保存所有准考证号
4          ['张珊','李思','王武'],                      #按顺序保存所有考生姓名
5          [109,123,133],                             #按顺序保存语文成绩
6          [120,116,129],                             #按顺序保存数学成绩
7          [114,137,132],                             #按顺序保存英语成绩
8          [78,84,83],                                #按顺序保存历史成绩
9          [82,92,85],                                #按顺序保存地理成绩
10         [90,94,78]                                 #按顺序保存政治成绩
11     ]
12     print(stu2)
```

上面代码中的二维列表 stu2 采用的是按列存储方式,它的每个元素仍然是列表,但存储的是考生数据中的属性,包括准考证号、姓名、语文成绩、数学成绩、英语成绩、历史成绩、地理成绩、政治成绩。

程序例 3-8 的运行结果如图 3-9 所示。

```
[['KS00001', 'KS00002', 'KS00003'], ['张珊', '李思', '王武'], [109, 123, 133], [120, 116, 129], [114, 137, 132], [78, 84, 83], [82, 92, 85], [90, 94, 78]]
```

图 3-9　例 3-8 运行结果

3. 访问列表

Python 中列表的访问(又称检索),通过"列表变量名[下标]"的形式访问列表中的某个元素。下标是指某个元素在列表中的位置,既可以从前往后数每个元素的位置,也可以从后往前数每个元素的位置。注意,从前往后数时,下标从 0 开始数,依次增加 1;从后往前数时,下标从 −1 开始,依次减少 1。

例如,对于 student=['KS00001','张珊',109,120,114,78,82,90]这个列表,各个元素的下标如表 3-3 所示。

表 3-3　列表 student 各元素的下标

列 表 元 素	KS00001	张珊	109	120	114	78	82	90
从前往后数,下标取值	0	1	2	3	4	5	6	7
从后往前数,下标取值	−8	−7	−6	−5	−4	−3	−2	−1

另外,还可以截取列表中的部分元素形成一个新列表。具体用法如下:

ls[下标开始位置:下标结束位置]

其中,ls 是定义好的列表变量名,ls[下标开始位置:下标结束位置]表示将 ls 中从下标开始位置开始,到下标结束位置之前的那一个元素(不包括下标结束位置的元素),取出来形成一个新的列表。下标开始位置和下标结束位置均可以省略,下标开始位置省略表示从下标为 0 的元素开始访问;下标结束位置省略表示访问到最后一个元素(包括最后一个元素);两者均省略代表截取整个列表。

【例 3-9】　对列表中部分元素的访问。

```
1    student=['KS00001','张珊',109,120,114,78,82,90]
2    print(student[1:4])    #截取下标为 1,2,3 的元素形成新列表'张珊',109,120
3    print(student[-3:-1]) #截取下标为-3,-2 的元素形成新列表[78,82]
```

```
4    print(student[3:6])      #截取下标为3,4,5的元素形成新列表[120,114,78]
5    print(student[:4])       #截取下标为0,1,2,3的元素形成新列表['KS00001','张珊',
                              #109,120]
6    print(student[-3:])      #截取下标为-3,-2,-1的元素形成新列表[78,82,90]
7    print(student[:])        #取所有元素['KS00001','张珊',109,120,114,78,82,90]
8    print(student[3])        #取单个元素,下标为3,返回值为单个元素 120
```

程序例 3-9 运行结果如图 3-10 所示。

```
['张珊', 109, 120]
[78, 82]
[120, 114, 78]
['KS00001', '张珊', 109, 120]
[78, 82, 90]
['KS00001', '张珊', 109, 120, 114, 78, 82, 90]
120
```

图 3-10　例 3-9 运行结果

二级列表的访问可以通过多个方括号"[]"叠加的方式依次访问每级列表中的元素。

【例 3-10】　访问二级列表中的元素。

```
1    #按行存储考生数据
2    stu1=[
3        ['KS00001','张珊',109,120,114,78,82,90],      #保存第一位考生数据
4        ['KS00002','李思',123,116,137,84,92,94],      #保存第二位考生数据
5        ['KS00003','王武',133,129,132,83,85,78]       #保存第三位考生数据
6        ]
7    print(stu1[0])                                   #访问第一位考生数据
8    print(stu1[2])                                   #访问第三位考生数据
9    #stu1[0]返回的是存储第一名考生数据的列表,可以继续通过[]访问其中的元素
10   print(stu1[0][2])                                #访问第一名考生的语文成绩
```

程序例 3-10 运行结果如图 3-11 所示。

```
['KS00001', '张珊', 109, 120, 114, 78, 82, 90]
['KS00003', '王武', 133, 129, 132, 83, 85, 78]
109
```

图 3-11　例 3-10 运行结果

4. 列表的常用操作

1）拼接列表

通过拼接运算符即加号"+"可以将多个列表连接在一起,生成一个新列表。

【例 3-11】　列表的拼接。

```
1    stu1=[
2        ['KS00001','张珊',109,120,114,78,82,90],      #保存第一位考生数据
3        ['KS00002','李思',123,116,137,84,92,94],      #保存第二位考生数据
4        ['KS00003','王武',133,129,132,83,85,78]       #保存第三位考生数据
5        ]
6    stu2=[
7        ['KS00004','李明',142,125,145,89,95,93],
```

```
8            ['KS00005','徐晓丽',98,102,119,75,69,81]
9        ]
10   stu3=['KS00006','程鑫鑫',113,129,138,76,82,88]
11   m_stu1 = stu1+stu2
12   print(m_stu1)
13   m_stu2 = stu1+stu3
14   print(m_stu2)
```

上述程序中,第 11 行代码将列表 stu1 和 stu2 拼接成一个新列表 m_stu1,第 13 行代码将列表 stu1 和 stu3 拼接成一个新列表 m_stu2。程序例 3-11 运行结果如图 3-12 所示。

```
[['KS00001', '张珊', 109, 120, 114, 78, 82, 90], ['KS00002', '李思', 123, 116, 137, 84, 92, 94], ['KS00003', '王武', 133, 129, 132, 83, 85, 78], ['KS00004',
'李明', 142, 125, 145, 89, 95, 93], ['KS00005', '徐晓丽', 98, 102, 119, 75, 69, 81]]
[['KS00001', '张珊', 109, 120, 114, 78, 82, 90], ['KS00002', '李思', 123, 116, 137, 84, 92, 94], ['KS00003', '王武', 133, 129, 132, 83, 85, 78], ['KS00006',
'程鑫鑫', 113, 129, 138, 76, 82, 88]]
```

图 3-12　例 3-11 运行结果

2）计算列表长度

使用 **len**()方法可以获取一个列表中包含的元素数量,即列表的长度。

[例 3-12]　计算列表长度。

```
1    stu1=[
2        ['KS00001','张珊',109,120,114,78,82,90],   #保存第一位考生数据
3        ['KS00002','李思',123,116,137,84,92,94],   #保存第二位考生数据
4        ['KS00003','王武',133,129,132,83,85,78]    #保存第三位考生数据
5        ]
6    print('stu1 中的考生人数为:',len(stu1))
```

程序例 3-12 运行结果如图 3-13 所示。

3）获取列表中的最大元素、最小元素

使用 **max**()方法可以获取一个列表中的最大元素的值,使用 **min**()方法可以获取一个列表中最小元素的值。

[例 3-13]　按列存储多名考生的成绩信息,获取语文的最高分和外语最低分。

```
1    stu2=[
2        ['KS00001','KS00002','KS00003'],          #按顺序保存所有准考证号
3        ['张珊','李思','王武'],                       #按顺序保存所有考生姓名
4        [109,123,133],                            #按顺序保存语文成绩
5        [120,116,129],                            #按顺序保存数学成绩
6        [114,137,132],                            #按顺序保存英语成绩
7        [78,84,83],                               #按顺序保存历史成绩
8        [82,92,85],                               #按顺序保存地理成绩
9        [90,94,78]                                #按顺序保存政治成绩
10       ]
11   print('三名考生中语文最高成绩为',max(stu2[2]))#语文成绩的最大值
12   print('三名考生中英语最低成绩为',min(stu2[4]))#英语成绩的最小值
```

程序例 3-13 运行结果如图 3-14 所示。

```
stu1中的考生人数为: 3
```
图 3-13　例 3-12 运行结果

```
三名同学中语文最高成绩为 133
三名同学中英语最低成绩为 114
```
图 3-14　例 3-13 运行结果

4）向列表中增加元素

（1）使用 **append( )** 方法可以向列表末尾追加元素。这种方法每次可以向列表的末尾追加一个元素。

（2）使用 **insert( )** 方法可以将一个元素插入列表的指定位置。insert( )方法有两个参数，第一个参数用来指定插入的下标位置（下标从 0 开始计数），第二个参数是要插入的元素值。

【**例 3-14**】　向列表中增加元素。

```
1   stu1=[
2       ['KS00001','张珊',109,120,114,78,82,90],    #保存第一位考生数据
3       ['KS00002','李思',123,116,137,84,92,94],    #保存第二位考生数据
4       ['KS00003','王武',133,129,132,83,85,78]     #保存第三位考生数据
5   ]
6   ls1 = ['KS00005','李明',142,125,145,89,95,93]
7   ls2 = ['KS00004','徐晓丽',98,102,119,75,69,81]
8   stu1.append(ls1)
9   print(stu1)
10  stu1.insert(3,ls2)
11  print(stu1)
```

上述程序中的第 8 行代码是将列表 ls1 作为一个元素插入二维列表 stu1 的最后；第 10 行代码是在将 ls2 插入 stu1 第 4 个元素的位置。程序例 3-14 运行结果如图 3-15 所示。

```
[['KS00001', '张珊', 109, 120, 114, 78, 82, 90], ['KS00002', '李思', 123, 116, 137, 84, 92, 94], ['KS00003', '王武', 133, 129, 132, 83, 85, 78], ['KS00005', '李明', 142, 125, 145, 89, 95, 93]]
[['KS00001', '张珊', 109, 120, 114, 78, 82, 90], ['KS00002', '李思', 123, 116, 137, 84, 92, 94], ['KS00003', '王武', 133, 129, 132, 83, 85, 78], ['KS00004', '徐晓丽', 98, 102, 119, 75, 69, 81], ['KS00005', '李明', 142, 125, 145, 89, 95, 93]]
```

图 3-15　例 3-14 运行结果

请思考并试一试：如果 insert 方法中给出的第一个参数值超出列表的下标范围，会怎么样呢？

5）查询列表中的元素

使用运算符 **in** 或 **not in** 查询某元素是否存在列表中，返回结果是逻辑真（True）或逻辑假（False），分别表示元素在列表中或不在列表中。

【**例 3-15**】　判断列表中是否存在某个数据元素。

```
1   stu1=[
2       ['KS00001','张珊',109,120,114,78,82,90],
3       ['KS00002','李思',123,116,137,84,92,94],
4       ['KS00003','王武',133,129,132,83,85,78],
5       ['KS00004','李明',142,125,145,89,95,93],
6       ['KS00005','徐晓丽',98,102,119,75,69,81]
7   ]
8   print('张珊' in stu1[0])        #查找元素张珊是否存在于列表中
```

上述程序中的第 8 行代码中，由于张珊在第一个列表元素 stu1[0] 中，因此"'张珊' in stu1[0]"返回的结果为 True。例 3-15 运行结果如图 3-16 所示。

```
True
```

图 3-16　例 3-15 运行结果

请思考并试一试：如果要判断学生"贾兰"是否在列表 stu1 中，应该如何处理？会输出

什么结果？

列表的常用操作还有很多。例如，使用 sort() 方法对列表中的元素排序；使用 index() 方法查找某个元素在列表中首次出现的位置；使用 count() 方法统计列表中某个元素出现的次数；使用 del() 方法删除列表中某个元素；使用 clear() 方法清空列表；等等。此处不再一一展开，有需求和感兴趣的读者可以自行查阅相关文献。

3.3.2 如何用 Python 模拟生成考生数据

前面已经明确了要模拟的考生数据，包括准考证号、姓名和 6 科成绩等信息，也知道了一名考生的数据可以放在一个一维列表中，所有考生的数据可以放在一个二维列表中。那么，下面要解决的问题就是如何模拟生成这些考生的数据。

3.3.2.1 AI 助学

我的问题：模拟生成数据的方法有哪些？

文心一言回答：模拟生成数据的方法有很多种，以下是常见的方法。

(1) 随机数生成法：通过随机数生成器生成一系列随机数，可以模拟各种分布的数据。

(2) 参数建模法：根据已知的数据分布规律和参数，建立数学模型，通过模型生成符合要求的数据。

(3) 机器学习方法：利用机器学习算法对大量数据进行训练和学习，然后生成新的数据。

(4) 自然语言处理法：通过自然语言处理技术，从已有的文本数据中提取有用的信息，生成新的数据。

(5) 图像处理法：通过图像处理技术，从已有的图像数据中提取有用的信息，生成新的数据。

(6) 传感器数据模拟：利用传感器模拟数据，可以模拟各种传感器数据，如温度、湿度、压力等。

(7) 蒙特卡洛模拟：通过蒙特卡洛方法，模拟各种随机事件和概率分布，生成符合要求的数据。

这些方法各有优缺点，应根据具体需求选择合适的方法。同时，也需要注意数据的准确性和可信度，以避免误导和产生不必要的损失。

在 AI 的帮助下，我们了解了用计算机模拟生成数据有很多方法。对于初学者，感觉随机数生成法比较简单，可以先选择学习和使用这个方法。

3.3.2.2 随机数生成数据的方法

Python 标准库中的 random 模块用来生成随机数，可以生成随机浮点数、整数、字符串，还可以随机选择列表中的一个元素等。Python 标准库中的函数不能直接使用，必须用 import 关键字导入后才能使用。

Random 模块包含了大量的方法，用于不同场景的随机数生成，有需求或感兴趣的读者可以查阅官方文档获取更多用法。下面仅介绍常用的几个方法。

1. random()方法

random.random()可以随机生成一个实数,取值范围为[0,1]。

2. uniform()方法

random.uniform(x,y)可以随机生成一个实数,取值范围为[x,y]。

3. randint(a,b)方法

random.randint(a,b)可以随机生成指定范围内的一个整数,取值范围为[a,b]。

【**例 3-16**】　random 常用方法示例。

```
1   import random                      #加载 random
2   print(random.random())            #随机产生一个[0,1)的实数
3   print(random.uniform(2,4))        #随机产生一个[2,4]的实数
4   print(random.randint(0,100))      #随机产生一个[0,100]的整数
```

例 3-16 运行结果如图 3-17 所示。

现在,我们已经可以随机生成一门课程的高考成绩了。

4. choice(seq)方法

random.choice(seq)可以随机选择列表或字符串中的一个元素。

【**例 3-17**】　从一组表示姓的字符串中随机选择一个字符串,再从一组表示名的字符串中随机选择一个字符串,组成一个人的姓名。

```
1   import random                      #加载 random
2   #表示姓的列表
3   last_names = ['赵','钱','孙','李','周','吴','郑','王','冯','陈','褚',
    '卫','东方','沈','韩','杨','欧阳','秦','尤','许','姚','邵','堪','黄埔',
    '祁','毛','禹','狄','米','贝','明','臧','计','伏','成','戴','谈','宋',
    '茅','庞','熊','纪','舒','屈','项','祝','董','梁']
4   #表示名字的列表
5   first_names = ['明','红','强','芳','建','恺','凯','超','梓涵','玉','宝强',
    '钗','丽','云','来','圆','媛媛','一','天','东胜','栋','致','茜','倩',
    '志摩','国庆','年','泽','熙','那','和','远','允','妙','家','伟','贤',
    '然','笑','冉','乾','坤','琼','潇','雯','瑶','翊','墨','华']
6   #随机生成一个中文姓名
7   last_name = random.choice(last_names)      #在姓氏列表中随机选择一个姓氏
8   first_name = random.choice(first_names)    #在姓名列表中随机选择一个姓名
9   print(last_name+first_name)               #将姓氏与姓名拼接成一个名字
```

运行一次程序会生成一个姓名,再运行一次程序将会随机产生另一个姓名。例 3-17 程序的一次运行结果如图 3-18 所示。

```
0.27156203755930386
3.058966553670012486
```

图 3-17　例 3-16 运行结果

```
戴强
```

图 3-18　例 3-17 运行结果

现在,我们已经可以随机生成一名考生的姓名了。

3.3.2.3　模拟生成多个数据

我们已经能够生成一个成绩,那么如何生成一名考生的 6 门科目的成绩呢? 又如何生

成多名考生的数据呢？

　　事实上，这样的处理都是不断重复某一操作的过程。对于一名考生的 6 门科目的成绩，先随机生成一门科目的成绩，再随机生成第 2 门科目的成绩，重复此项操作，直到完成所有 6 门科目的成绩的生成。对于生成所有考生的数据也类似，先随机生成一个考生的数据，再生成下一个考生的数据，直到完成所有考生的数据生成。

　　这种重复操作的处理过程可以使用 Python 中的循环语句实现。下面介绍 Python 循环语句的使用方法。

1. range 函数

range 函数用来生成一个数据序列，其语法格式为：

```
range([beg],end,[step])
```

其中，**beg** 为起始数值，**end** 表示终止数值（注意生成数据中不包括 end），**step** 为步长（允许为负值）。如果 step 省略，则默认以 1 为步长；如果 beg 省略，则默认从 0 开始。

【例 3-18】　range 函数的功能示例。

```
1   print(range(0,6))          #生成数据序列为:0,1,2,3,4,5
2   print(range(1,101,2))      #生成的数据序列为 100 以内的奇数,1,3,5,7,…
```

2. for 语句

for 语句是专门用于处理循环的语句，其语法格式为：

```
for 循环变量名 in 可迭代对象:
    语句序列
```

其中，可迭代对象可以理解成一个数据序列，如字符串、列表或 range 方法返回的数字序列。

　　for 循环执行过程：循环变量依次取可迭代对象中的每个值，执行"语句序列"进行相应的数据处理，当没有迭代对象时循环停止。

【例 3-19】　用 for 循环生成某名考生 6 门课程的高考成绩（此处假设各门课程成绩的最高分均为 100 分）。

```
1   import random                         #加载 random
2   Score=[]                              #定义一个空列表,用于存放 6 科成绩
3   for i in range(0,6):                  #循环变量 i 从 0 开始到 5 结束
4       Score.append(random.randint(0,100))  #随机生成 1 科成绩放入列表中
5   print(Score)
```

　　上述程序中的第 3 行代码和第 4 行代码是 for 循环语句，通过第 3 行代码中的循环变量 i 从 0 到 5 的 6 次取值，重复了 6 次操作，模拟生成了 6 科课程。第 4 行代码是要重复进行的操作，random.randint(0,100)是随机生成一个分数为 0～100 的成绩，然后使用列表 Score 的 append()方法，将生成的成绩追加到列表中。

　　例 3-19 的运行结果如图 3-19 所示。

```
[19, 42, 32, 92, 32, 66]
```
图 3-19　例 3-19 运行结果

【例 3-20】　假设准考证号是以"KS"开头、长度固定为 7 位的字符串，取值由"KS00001"依次增加，"KS00002"、"KS00003"、"KS00004"……。使用 for 循环生成 10 个准考证号。

```
1    s_no=[]                          #定义一个空列表
2    for i in range(1,11):            #循环变量 i 从 1 开始到 10 结束
3        num = "KS" + str(i).zfill(5) #生成第 i 个准考证号
4        s_no.append(num)             #将生成的准考证号添加到列表 s_no 中
5    print(s_no)
```

在程序的第 3 行代码中,首先使用 str(i)将循环变量的值转换为 String 类型;然后调用字符串的 zfill()方法,生成形如"00001"的字符串(当 i=1 时);最后再使用"+"将"KS"和"00001"进行拼接,生成准考证号。例 3-20 的运行结果如图 3-20 所示。

```
['KS00001', 'KS00002', 'KS00003', 'KS00004', 'KS00005', 'KS00006', 'KS00007', 'KS00008', 'KS00009', 'KS00010']
```

图 3-20　例 3-20 运行结果

 关于循环语句和 for 循环,可扫描二维码学习更多细节。

3.3.2.4　模拟生成相同的数据

细心的读者应该已经发现了一个问题,每次运行程序随机生成的数据都不一样。如果想每次运行程序都能随机生成一样的数据,我们可以通过 random 的 seed()方法,设置一个随机种子,使得每次运行程序生成的数据都一样。

【例 3-21】　随机种子的使用。

```
1    import random
2    #不加随机种子
3    print("不加随机种子生成的数据:")
4    for i in range(3):
5        score1=[]
6        #随机生成 6 个 100 以内的整数,并加入 score1 列表中
7        for j in range(6):
8            score1.append(random.randint(0,100))
9        print(score1)
10   #加随机种子
11   print("加随机种子生成的数据:")
12   for i in range(3):
13       score2=[]
14       #随机生成 6 个 100 以内的整数,并加入 score2 列表中
15       random.seed(1)
16       for j in range(6):
17           score2.append(random.randint(0,100))
18       print(score2)
```

上面代码中的 seed()是随机数生成器 random 的一种方法,用于设置生成随机数的种子。种子是一个整数。通过设置相同的种子,就可以得到相同的随机数序列。

第 3~9 行代码,没有添加随机种子,循环三次,每次随机生成的数据均不相同。

第 11~18 行代码也是循环三次,但每次生成的数据均相同,这是由于在第 15 行代码中,为每次循环都设置了同一个种子值 1,所以三次循环生成的随机数是相同的。当然也可以设置不同的种子,生成不同的随机数序列。

例 3-21 的运行结果如图 3-21 所示。

现在,我们已经可以生成多科成绩数据以及多名考生的数据了。

```
不加随机种子生成的数据:
[63, 97, 57, 60, 83, 48]
[100, 26, 12, 62, 3, 49]
[55, 77, 97, 98, 0, 89]
加随机种子生成的数据:
[17, 72, 97, 8, 32, 15]
[17, 72, 97, 8, 32, 15]
[17, 72, 97, 8, 32, 15]
```

图 3-21　例 3-21 运行结果

3.3.3　如何用 Python 保存考生数据

使用前面的方法,已经能够使用 Python 模拟生成考生的数据了。但是,我们发现每次运行程序都可以生成考生数据,但程序运行结束或关闭计算机后,必须重新运行程序才能获得考生数据。这是由于运行程序生成的数据被存储在计算机的内存中,而内存中的数据不会被永久保存,程序结束或计算机关机都会丢失。

是不是有什么方法不需要每次都去运行程序获得考生数据,而是将一次生成的考生数据永久保存起来,用于后面实现高考平行志愿录取任务呢?

事实上,我们可以将生成的考生数据存储在文件里,文件被保存在外存(硬盘、U 盘等)中,这样就可以实现这些数据的长期保存及重复利用。这就要学习将内存中的数据保存到文件中的方法。下面介绍将数据存储到文件中涉及的几个概念,以及使用 Python 对 CVS 文件进行操作的相关方法。

3.3.3.1　关于数据的几个概念

1. 数据元素

数据元素也称为结点或记录。一个数据元素可由若干数据项(属性)组成。例如,表 3-1 所示的考生数据,每名考生的数据就是一个数据元素,包括准考证号、姓名和语文、数学、英语、历史、地理、政治 6 科成绩数据。

2. 一维数据

一维数据是指数据元素由一个因素即可确定。例如,一名考生的数据就是一个一维数据,如表 3-4 所示。表中的阴影部分是一维数据,可以看出,一个数据项只由该数据项所在位置这一个因素就可以确定。例如,第 1 位的数据是准考证号,第 2 位的数据是姓名,第 8 位的数据是政治成绩。我们知道,一维数据可以使用 Python 中的列表来表示。

表 3-4　一维数据示例

含义	准考证号	姓名	语文	数学	英语	历史	地理	政治
位置	1	2	3	4	5	6	7	8
数据	KS00001	张珊	109	120	114	78	82	90

3. 二维数据

二维数据由多个一维数据组成,二维数据中的某项数据需要由两个因素共同决定。如

表 3-5 所示，多名考生的数据就是二维数据。表 3-5 中的阴影部分是二维数据，可以看出，一项数据需要由该数据项所在的行号和所在的列号两个因素才能确定。例如，116 这个成绩，需要由该数据所在的行号 2 和所在的列号 4 这两个因素才能确定。我们也已经知道，二维数据可以使用 Python 中的二维列表来表示。

表 3-5　二维数据示例

含义	准考证号	姓名	语文	数学	英语	历史	地理	政治
列号 行号	1	2	3	4	5	6	7	8
1	KS00001	张珊	109	120	114	78	82	90
2	KS00002	李思	123	116	137	84	92	94
3	KS00003	王武	133	129	132	83	85	78
…	…	…	…	…	…	…	…	…

4. 计算机文件

计算机文件（以下简称文件），是一种存储在计算机硬盘、软盘、光盘等存储介质上的数据的集合，内容可以是文本、图像、音频、视频、程序等。一个文件的名字通常由一个文件名和一个文件扩展名构成。文件扩展名来标识它所属的类型，便于识别和管理。

5. CSV 文件

CSV（Comma-Separated Values）是一种国际通用的数据存储格式文件，文件扩展名为.csv，可以使用记事本、Excel 等软件打开 CSV 文件。CSV 文件中每行对应一个一维数据，数据各数据项之间默认用英文逗号分隔。如果有缺失数据，也要保留逗号，使得各项数据都有它的位置。CSV 文件中的多行一维数据就够构成了一个二维数据。CSV 文件的第一行可以是列标题，也可以直接存储数据（即没有列标题）。

图 3-22 示意了用 Excel 打开的带列标题的 CSV 文件和不带列标题的 CSV 文件。

10001	140	145	138	95	96	89
10002	130	139	146	91	95	80
10003	150	148	148	52	77	62
10004	142	143	147	41	87	79
10005	135	139	138	53	92	97
10006	122	149	150	95	52	76
10007	132	147	141	73	69	87
10008	143	136	136	70	81	85
10009	148	149	129	100	44	62
10010	150	143	135	42	90	68
10011	134	140	147	94	49	70
10012	120	127	143	98	85	90

(a) 不带列标题CSV文件

准考证号	语文	数学	英语	历史	政治	地理
10001	140	145	138	95	96	89
10002	130	139	146	91	95	80
10003	150	148	148	52	77	62
10004	142	143	147	41	87	79
10005	135	139	138	53	92	97
10006	122	149	150	95	52	76
10007	132	147	141	73	69	87
10008	143	136	136	70	81	85
10009	148	149	129	100	44	62
10010	150	143	135	42	90	68
10011	134	140	147	94	49	70

(b) 带列标题CSV文件

图 3-22　带列标题 CSV 文件和不带列标题 CSV 文件

6. 类与对象

类是对同一类对象的一个抽象，而对象则是类中一个具体的实体。例如，圆是一个类，而半径 5cm，圆心(0,0)的圆就是一个具体的对象。OOP(Object Oriented Programming)就是通过抽象对象特征来编写程序的一种方法，称为面向对象程序设计方法。Python 中的库都采用了 OOP。

类通常规定了一个对象可以包括哪些数据，以及对这些数据进行哪些处理。类中的数据用来表示对象的静态特征——属性,类中进行的处理用来表示对象的动态特征——行为。类中要进行的处理在很多场合被称为方法。一个类可以有(创建)多个对象。例如,计算圆的面积和周长的问题,可以抽象出一个关于圆的类,类中的数据部分包括圆心的位置和半径;类中的处理部分包括输入圆心、输入半径、计算面积、计算周长和输出结果等。

事实上,我们已经接触过很多次类、对象和方法。例如,例 3-21 中的 score1 是一个列表类的对象,append()是列表类的一个方法,score1.append(random.randint(0,100))是对象 score1 执行具体方法 append(),将随机生成的数据追加到对象 score1 自己的数据中。

关于类与对象,可扫描二维码学习更多细节。

3.3.3.2   使用 Pandas 进行 CSV 文件的读写操作

Pandas 是 Python 中专门用于数据处理和数据分析的第三方库,需要下载和安装。它提供了强大的数据处理和分析功能,包括数据读取、清洗、转换、合并、分析、统计和可视化等。我们使用 Pandas 读写考生数据的文件。

Pandas 提供了 **Series** 和 **DataFrame** 两种数据结构,分别用于处理一维数据和二维数据。这两种数据结构能够满足处理金融、统计、社会科学、工程等领域里绝大部分问题的需求。

1. Series 简介

Series 用于处理一维数据。第 4 章将进一步介绍。

2. DataFrame 简介

DataFrame 是具有行标签和列标签的二维表格型数据结构,与 Excel 表类似。我们要处理的考生数据是二维数据,就可以使用 Pandas 中的 DataFrame。

DataFrame 是一个抽象的类,要使用 DataFrame 中的具体方法,如读写文件,必须有一个具体的 DataFrame 类对象。创建一个具体的 DataFrame 对象,需要使用 pandas.DataFrame()方法,其语法如下:

```
pandas.DataFrame(data, index, columns, …)
```

其中,pandas.DataFrame()方法主要参数的含义如下:

- Data 是所创建的 DataFrame 对象中的数据来源,其类型可以是列表、字典、Series 或 DataFrame 对象等。
- index 是 DataFrame 对象数据的行标签,如果未指定则默认为 RangeIndex,即(0,1,2,…,n−1),n 为行数。
- columns 是列标签,如果未指定也默认为 RangeIndex,即(0,1,2,…,m−1),m 为列数。

有需要或感兴趣的读者可以查阅 Pandas 官方文档，查看 pandas.DataFrame 更多的参数。

【例 3-22】　创建并输出 DataFrame 对象。

```
1    '''
2    1.使用 pandas 前需先使用 import 将 pandas 加载到程序中
3    2.可以用 as 关键字给 pandas 起个别名,程序中用到 pandas 的地方都可以换成别名
4    '''
5    import pandas as pd                              #pd 是 pandas 的别名
6    stu1=[
7        ['KS00001','张珊',109,120,114,78,82,90],       #保存第一位考生数据
8        ['KS00002','李思',123,116,137,84,92,94],       #保存第二位考生数据
9        ['KS00003','王武',133,129,132,83,85,78]        #保存第三位考生数据
10       ]
11   #创建 DataFrame 对象 df,df 对象的二维数据来自 stu1,并设置列标题
12   df = pd.DataFrame(stu1,columns=['准考证号','姓名','语文','数学','英语','历
     史','地理','政治'])
13   #输出 DataFrame 对象 df
14   print(df)
```

例 3-22 运行结果如图 3-23 所示。

```
    准考证号    姓名   语文  数学  英语  历史  地理  政治
0   KS00001  张珊   109  120  114  78   82   90
1   KS00002  李思   123  116  137  84   92   94
2   KS00003  王武   133  129  132  83   85   78
```

图 3-23　例 3-22 运行结果

在图 3-23 中，最左侧的列的"0,1,2"是默认的行标题；最上面的"准考证号 姓名 语文 数学 英语 历史 地理 政治"则是在第 12 行代码中创建 df 对象时设置的列标题。

3. CSV 文件的读写操作方法

Pandas 中 DataFrame 的 to_csv()方法是将 DataFrame 对象的数据写入 CSV 文件；Pandas 的 read_csv()方法用于读取 CSV 文件中的数据，并返回一个 DataFrame 的对象。

1）写文件

DataFrame 的 to_csv()方法的功能是写文件。

该方法有很多参数可以设置，除了必须给出写入文件的路径和名称外，其他参数都可以缺省，即使用默认值。一些常用的参数含义如下：

- header（bool or list of str，default=True）：是否写入列名作为文件的第一行。如果给定为字符串列表，则假定它是列名的别名。
- index（bool，default=True）：是否将行索引写入文件。
- mode（str）：对于路径或类文件对象，写入的模式（'w' 或 'a'）。默认为 'w',表示重写，'a'表示追加方式写入。
- encoding（str，optional）：使用的字符集编码类型。

其他参数不再一一展开，有兴趣和有需求的读者可以自行查阅。

【例 3-23】　使用 Pandas 将表 3-1 中的三位考生数据写入 D 盘的 myproject 目录下名为"写入的考生数据.csv"文件中。

使用 Pandas 的 to_csv()方法非常简单，只需在例 3-22 的代码最后添加如下的第 10 行代码即可。

```
1   import pandas as pd                              #导入 pandas 库,pd 是 pandas 的别名
2   stu1=[
3       ['KS00001','张珊',109,120,114,78,82,90],   #保存第一位考生数据
4       ['KS00002','李思',123,116,137,84,92,94],   #保存第二位考生数据
5       ['KS00003','王武',133,129,132,83,85,78]    #保存第三位考生数据
6       ]
7   #创建 DataFrame 对象 df,df 对象的二维数据来自 stu1,并设置列标题
8   df = pd.DataFrame(stu1,columns=['准考证号','姓名','语文','数学','英语','历
    史','地理','政治'])
9   #将 df 中的数据写入 csv 文件中
10  df.to_csv('d:/myproject//写入的考生数据.csv')
```

上述程序的第 1 行使用 import 将 Pandas 加载到程序中,并使用 as 给 Pandas 起了一个别名 pd。这样,程序中用到 Pandas 的地方就可以换成 pd,简化程序书写。当然这个别名也可以换成其他名字。

程序运行完毕,会在 D 盘的 myproject 目录下生成一个如图 3-24 所示的"写入的考生数据.csv"文件,可以用 Excel 等软件打开查看文件的内容。

图 3-24   保存的文件

2) 读文件

Pandas 的 read_csv()方法的功能是读取 CSV 格式的文件。它也可以设置很多参数,除了要读入的文件路径和名称外,其他参数都可以缺省(使用默认值)。例如,可以通过 header 参数指定第几行作为列名,默认为 0;通过 sep 参数设置所读取文件的分隔符,默认逗号分隔;通过 encoding 参数指定文件中字符集使用的编码类型等。有兴趣和有需求的读者可以自行查阅。

【例 3-24】   使用 Pandas 读取存储在 D 盘 myproject 目录下的"示例考生数据.csv"文件,该文件存储了 12 名考生的准考证号、语文、数学、英语、历史、地理和政治成绩,如图 3-25 所示。

	A	B	C	D	E	F	G
1	准考证号	语文	数学	英语	历史	地理	政治
2	10001	140	145	138	95	96	89
3	10002	130	139	146	91	95	80
4	10003	150	148	148	52	77	62
5	10004	142	143	147	41	87	79
6	10005	135	139	138	53	92	97
7	10006	122	149	150	95	52	76
8	10007	132	147	141	73	69	87
9	10008	143	136	136	70	81	85
10	10009	148	149	129	100	44	62
11	10010	150	143	135	42	90	68
12	10011	134	140	147	94	49	70
13	10012	120	127	143	98	85	90

图 3-25   "示例考生数据.csv"文件

```
1    import pandas as pd                                    #导入 pandas 库,pd 是 pandas 的别名
2    df = pd.read_csv('d:/myproject/示例考生数据.csv')      #文件所在的目录
3    #输出 DataFrame 对象 df
4    print(df)
```

在上述代码中:

第 2 行使用 read_csv 读取 csv 文件,read_csv 方法中只给出了第一个参数,代表读取的文件路径和文件名称,其他参数均缺省。

第 4 行将 read_csv 返回的 DataFrame 对象输出到屏幕上。

例 3-24 运行结果如图 3-26 所示。

```
      准考证号   语文   数学   英语   历史  地理  政治
0    10001   140   145   138   95   96   89
1    10002   130   139   146   91   95   80
2    10003   150   148   148   52   77   62
3    10004   142   143   147   41   87   79
4    10005   135   139   138   53   92   97
5    10006   122   149   150   95   52   76
6    10007   132   147   141   73   69   87
7    10008   143   136   136   70   81   85
8    10009   148   149   129  100   44   62
9    10010   150   143   135   42   90   68
10   10011   134   140   147   94   49   70
11   10012   120   127   143   98   85   90
```

图 3-26　例 3-24 运行结果

现在,我们已经可以将生成的考生数据永久保存到文件中,并能从文件中读取这些数据了。

3.4　Done——实际动手解决问题

3.4.1　对模拟生成的考生数据的规定与假设

为了模拟生成考生数据,我们先做如下的规定和假设:

(1)表 3-6 是全国部分省市 2022 年参加高考的人数统计。北京、天津等直辖市的考生人数均为几万人。由于考生人数不影响算法设计,因此,我们假设要模拟生成 1 万条考生数据。

表 3-6　2022 年全国部分地区参加高考的人数

省/市	人数/万	省/市	人数/万
河南	125	北京	5.4
山东	86.7	青海	4.84
湖南	65.5	西藏	3.2
天津	5.8		

(2)准考证号为字符串类型,以"KS"开头。由于只有 1 万名考生,因此,准考证号的长度固定为 7 位的字符串,字符串的取值由"KS00001"依次增加,"KS00002"、"KS00003"、"KS00004"、……、"KS10000"。

（3）姓名为字符串类型，采用随机生成的方式生成。姓名的随机构造过程为：首先定义一个由姓氏组成的列表和一个由名字组成的列表；然后从姓氏列表中随机选择一个元素作为姓氏，从名字列表中随机选择一个元素作为名字，最后把姓氏和名字拼接成一个随机姓名。

（4）所有考生选科时都选择了历史、地理和政治三个科目，语文、数学、英语、历史、地理、政治 6 科成绩均为整数类型。语文、数学、英语的成绩范围为 0~150 分，其余三科成绩范围为 0~100 分。成绩的产生是每次在指定范围中随机生成一个整数。

3.4.2　用 Python 模拟生成考生数据

我们已经学习了用流程图描述算法，以及使用 Python 模拟生成和保存考生数据的相关方法，下面就真正动手生成 10 000 名考生的数据并将其存储在文件中。

3.4.2.1　Python 生成高考数据的算法设计

使用 Python 模拟生成考生数据的算法如下：

（1）定义一个二维列表 stu_score，用于存储 1 万名考生的数据；定义存储姓氏的列表 last_names 和存储名字的列表 first_names。

（2）定义一个循环变量 i，初始值为 1，当 i≤10000 时，重复如下操作：

① 定义存储一名考生数据的列表 per_score。

② 生成第 i 名考生的准考证号。

③ 生成第 i 名考生的姓名。

④ 生成第 i 名考生的 6 门成绩。

⑤ 将生成的第 i 名考生的数据存储在列表 per_score 中。

⑥ 将存储了第 i 名考生数据的 per_score 追加到存储所有考生数据的 stu_score 列表中。

（3）将存储在 stu_score 列表中的考生数据保存到文件中。

上述算法的流程图如图 3-27 所示。

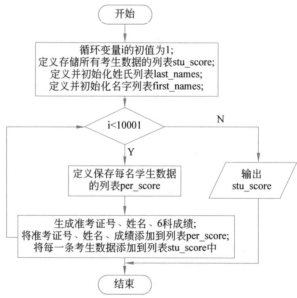

图 3-27　Python 模拟生成 1 万名考生数据的算法流程图

3.4.2.2　用 Python 代码实现生成 1 万名考生模拟数据的算法

具体算法如下：

```
1    import random
2    import pandas as pd
3    stu_score=[]                                   #存储所有考生数据的列表
4    #姓氏列表
5    last_names = ['赵','钱','孙','李','周','吴','郑','王','冯','陈','褚',
     '卫','东方','沈','韩','杨','欧阳','秦','尤','许','姚','邵','堪','黄埔',
     '祁','毛','禹','狄','米','贝','明','臧','计','伏','成','戴','谈','宋',
     '茅','庞','熊','纪','舒','屈','项','祝','董','梁']
6    #名字列表
7    first_names = ['明','红','强','芳','建','恺','凯','超','梓涵','玉','宝强
     ','钗','丽','云','来','圆','媛媛','一','天','东胜','栋','致','茜','倩',
     '志摩','国庆','年','泽','熙','那','和','远','允','妙','家','伟','贤',
     '然','笑','冉','乾','坤','琼','潇','雯','瑶','翊','墨','华']
8    for i in range(1,10001):
9        #定义存储每名考生数据的列表
10       per_score=[]
11       #生成准考证号
12       sno = "KS"+str(i).zfill(5)
13       #将准考证号加入列表 per_score 中
14       per_score.append(sno)
15       #随机生成一个中文姓名
16       #在姓氏列表中随机选择一个姓氏
17       last_name = random.choice(last_names)
18       #在名字列表中随机选择一个名字
19       first_name = random.choice(first_names)
20       sname = last_name + first_name
21       #将姓名加入列表 per_score 中
22       per_score.append(sname)
23       #生成 6 科成绩
24       chinese = random.randint(0,150)
25       math = random.randint(0,150)
26       english = random.randint(0,150)
27       history = random.randint(0,100)
28       geography = random.randint(0,100)
29       politics = random.randint(0,100)
30
31       #将 6 科成绩加入列表 per_score 中
32       per_score.append(chinese)
33       per_score.append(math)
34       per_score.append(english)
35       per_score.append(history)
36       per_score.append(geography)
37       per_score.append(politics)
38
39       #将生成的第 i 名同学的数据追加到列表 stu_score 中
40       stu_score.append(per_score)
41   df = pd.DataFrame(stu_score, columns=['准考证号','姓名','语文','数学','英语',
     '历史原始','地理原始','政治原始'])
42   df.to_csv('d:/myproject/模拟高考数据.csv', index=False)
```

运行该程序,在"d:\myproject"目录下会看到增加了一个名为"模拟高考数据.csv"的文件。使用 Excel 打开,可以看到文件中的部分数据如图 3-28 所示。

▲	A	B	C	D	E	F	G	H
1	准考证号	姓名	语文	数学	英语	历史原始	地理原始	政治原始
2	KS00001	钱凯	71	54	105	16	94	55
3	KS00002	东方倩	15	117	102	47	66	42
4	KS00003	杨致	58	64	148	97	100	27
5	KS00004	褚家	120	79	148	21	3	80
6	KS00005	吴东胜	46	147	101	30	76	100
7	KS00006	吴笑	21	92	109	75	10	17
8	KS00007	冯恺	78	8	56	65	94	17
9	KS00008	贝冉	144	67	96	20	74	11
10	KS00009	臧一	144	138	3	100	95	56
11	KS00010	褚远	88	84	60	12	30	89
12	KS00011	董乾	35	55	32	81	49	54
13	KS00012	臧宝强	33	141	41	67	59	85
14	KS00013	杨潇	68	144	17	7	63	38
15	KS00014	明玉	68	58	80	6	83	90
16	KS00015	沈媛媛	148	116	108	53	97	48
17	KS00016	卫笑	126	23	44	30	77	57
18	KS00017	沈华	141	69	112	79	81	18
19	KS00018	梁潇	99	40	102	4	63	86
20	KS00019	熊远	32	36	2	97	41	9
21	KS00020	孙伟	73	38	41	69	70	79
22	KS00021	庞明	109	141	69	6	0	36

图 3-28　文件中的部分模拟考生数据

3.5　Whether——评价与反思

通过对高考成绩相关信息的构成分析,我们学习了模拟生成数据和将数据存储到文件用到的相关方法,设计算法并编写 Python 程序,完成了模拟生成 1 万名包括准考证号、姓名和 6 门科目考试成绩的考生数据,未来的赋分处理和平行志愿录取程序的设计就可以在此基础上进行了。我们对该问题进行了很多的简化和规定。

3.5.1　存在的问题

事实上,在不影响算法设计的情况下,我们只是简单地模拟了高考成绩相关的部分数据,真实的数据构成规则更加复杂、数据规模非常庞大。

(1)准考证号:准考证号有一定的生成规则,而且长度是固定的,总共 14 位,不同位置的数据代表不同含义,前两位数字为年份代码,第 3、4 位数字为省份代码,第 5、6 位为市(区)代码,第 7、8 位为县(区)代码,第 9 位为考试类型代码,第 10 位为科类代码,最后 4 位为顺序号。

(2)姓名:真实的考生姓名构成复杂,首先姓名长度是不固定的,其次姓氏也是各种各样,包括单姓、复姓、三字姓、五字姓等,最后名字的汉字范围就更广了。

(3)如果生成的考生数量高达几万条、十几万条甚至上百万条,还存储在文件中可能会出现数据访问的效率问题。

（4）使用 random 函数随机生成的每科成绩数据基本是均匀分布的，如图 3-29 所示。可以看到，每个分数段的人数大致相同，这很明显与实际的高考成绩数据分布不符。例如，2021 年某直辖市高考成绩语文平均分为 105.9 分，数学平均分为 100.62 分，英语平均分为 99.38 分，选科平均分为 72 分左右。

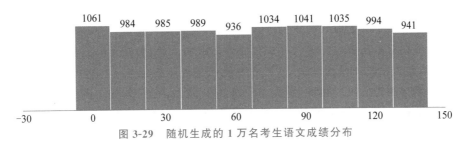

图 3-29　随机生成的 1 万名考生语文成绩分布

3.5.2　优化高考成绩使其符合正态分布

下面针对成绩分布与实际不符的问题，可以考虑寻求 AI 的帮助并尝试解决。

3.5.2.1　AI 助学

我的问题：如何使用 Python 生成 10 000 个取值在一定范围且符合正态分布的随机数？

文心一言回答：要生成 10 000 个取值在一定范围且符合正态分布的随机数，你可以使用 numpy 库中的 numpy.random.normal 函数，并结合条件筛选来确保生成的随机数在指定的范围内。下面是一个示例代码，展示如何生成 10 000 个在 0～100 且符合正态分布的随机数。

```
import numpy as np
#设定所需的均值和标准差
mu = 50                                              #均值
sigma = 10                                           #标准差
#设定取值范围的最小值和最大值
min_val = 0
max_val = 100
#生成正态分布的随机数,数量可以稍微多一些以确保有足够的数在指定范围内
initial_size = 12000
raw_data = np.random.normal(mu, sigma, initial_size)
#截取在指定范围内的数据
#如果截取后的数据数量少于10000,则重新生成不足的部分
while len(raw_data[(raw_data >= min_val) & (raw_data <= max_val)]) < 10000:
    #如果截取的数据不足10000个,则继续生成并筛选
    more_data = np.random.normal(mu, sigma, 1000)    #生成更多的数
    raw_data = np.concatenate((raw_data, more_data))
    raw_data = raw_data[(raw_data >= min_val) & (raw_data <= max_val)]
#确保最终有10000个数据
truncated_data = raw_data[:10000]
#打印截取后的数据的前几个以验证
print(truncated_data[:5])
```

在这个例子中,首先生成了 initial_size(这里设置为 12 000)个符合正态分布的随机数。然后,使用条件筛选[(raw_data >= min_val) & (raw_data <= max_val)]来选取落在 [min_val, max_val]内的随机数。如果筛选后的随机数数量不足 10 000 个,就继续生成更多的随机数,并重复筛选过程,直到有足够的随机数为止。最后,截取前 10 000 个符合条件的随机数作为最终的结果。

注意,由于正态分布是连续的,并且 min_val 和 max_val 是边界值,因此可能无法一次性生成正好 10 000 个在范围内的随机数。因此,上述代码使用了一个循环来确保最终有至少 10 000 个值在指定范围内。这种方法可能不是最高效的,但对于大多数应用来说应该是足够的。如果你需要更高效的方法,可以考虑使用截断正态分布或其他采样技术。

AI 工具给出的代码可以正确运行。在 AI 的帮助下,我们大概知道怎么做了。高考各科成绩通常是符合正态分布的数据,我们可以参考 AI 给出的方法,使用 numpy 库的 random.normal 函数生成 10 000 万名考生的各科成绩,并且使各科成绩符合正态分布。

另外,如果我们对"标准差"还没有概念,也可以通过百度搜索或 AI 工具,获得相关信息。简单来说,标准差是一组数据平均值分散程度的一种度量。一个较大的标准差,代表大部分数值和其平均值之间差异较大;一个较小的标准差,代表这些数值较接近平均值。根据历届高考成绩的规律,高考成绩的标准差我们可以取 5~20。

3.5.2.2 优化生成成绩数据

使用 AI 介绍的方法,重新生成一万名考生的 6 门课程的成绩,使每一门课程成绩均符合正态分布。我们首先做如下规定:

语文、数学和外语的总分为 150 分,平均成绩为 100 分,标准差为 15。

历史、地理和政治的总分为 100 分,平均成绩为 75 分,标准差为 10。

优化后的部分代码如下:

```
1    import random
2    import pandas as pd
3    import numpy as np                              #加载 numpy 库,别名为 np
4    stu_score = []                                  #存储所有考生数据的列表
5    chinese = []                                    #存储所有考生的语文成绩
6    math = []                                       #存储所有考生的数学成绩
7    english = []                                    #存储所有考生的英语成绩
8    history = []                                    #存储所有考生的历史成绩
9    geography = []                                  #存储所有考生的地理成绩
10   politics = []                                   #存储所有考生的政治成绩
11   #随机生成 10000 个语文成绩
12   #设定所需的均值和标准差
13   mu = 100                                        #均值
14   sigma = 15                                      #标准差
15
16   #设定取值范围的最小值和最大值
17   min_val = 0
18   max_val = 150
19
20   #生成正态分布的随机数,数量可以稍微多一些以确保有足够的数在指定范围内
21   initial_size = 12000
```

```
22  raw_data = np.random.normal(mu, sigma, initial_size)
23
24  #截取在指定范围内的数据
25  #如果截取后的数据数量少于 10000,则重新生成不足的部分
26  while len(raw_data[(raw_data >= min_val) & (raw_data <= max_val)]) < 10000:
27      #如果截取的数据不足 10000 个,则继续生成并筛选
28      more_data = np.random.normal(mu, sigma, 1000)   #生成更多的数
29      raw_data = np.concatenate((raw_data, more_data))
30      raw_data = raw_data[(raw_data >= min_val) & (raw_data <= max_val)]
31
32  #确保最终有 10000 个数据
33  chinese = raw_data[:10000]
34  …
155 #姓氏列表
156 last_names = ['赵','钱','孙','李','周','吴','郑','王','冯','陈','褚',
    '卫','东方','沈','韩','杨','欧阳','秦','尤','许','姚','邵','堪','黄埔',
    '祁','毛','禹','狄','米','贝','明','臧','计','伏','成','戴','谈','宋',
    '茅','庞','熊','纪','舒','屈','项','祝','董','梁']
157 #名字列表
158 first_names = ['明','红','强','芳','建','恺','凯','超','梓涵','玉','宝
    强','钗','丽','云','来','圆','媛媛','一','天','东胜','栋','致','茜',
    '倩','志摩','国庆','年','泽','熙','那','和','远','允','妙','家','伟',
    '贤','然','笑','冉','乾','坤','琼','潇','雯','瑶','翊','墨','华']
159 for i in range(1,10001):
160 #定义存储每一名考生数据的列表
161     per_score=[]
162 #生成准考证号
163     sno = "KS"+str(i).zfill(5)
164 #将准考证号加入列表 per_score 中
165     per_score.append(sno)
166 #随机生成一个中文姓名
167 #在姓氏列表中随机选择一个姓氏
168     last_name = random.choice(last_names)
169 #在名字列表中随机选择一个名字
170     first_name = random.choice(first_names)
171     sname = last_name + first_name
172 #将姓名加入列表 per_score 中
173     per_score.append(sname)
174
175 #将 6 科成绩加入列表 per_score 中,使用 int 函数将实数转换为整数
176     per_score.append(int(chinese[i-1]))
177     per_score.append(int(math[i-1]))
178     per_score.append(int(english[i-1]))
179     per_score.append(int(history[i-11]))
180     per_score.append(int(geography[i-11]))
181     per_score.append(int(politics[i-1]))
182
183 #将生成的第 i 名同学的数据追加到列表 stu_score 中
184     stu_score.append(per_score)
185
186 df = pd.DataFrame(stu_score, columns=['准考证号','姓名','语文','数学','英语',
    '历史原始','地理原始','政治原始'])
187 df.to_csv('d:/myproject/模拟高考数据.csv', index=False)
```

上述代码中加粗部分是与 3.4.2.2 节的代码不同的地方,同时删除了第 23～29 行生成 6 科成绩的代码。第 35～154 行代码是随机生成符合正态分布的数学、英语、历史、地理和政治成绩,此处略。

请扫描二维码获得完整的代码,并运行生成考生数据。

3.6 动手做一做

3.6.1 能力累积

(1)阅读、编辑并运行例 3-1～例 3-5 的 Python 程序,掌握 Python 中字符串的使用用法。

(2)阅读、编辑并运行例 3-6～例 3-20 的 Python 程序,掌握 Python 中列表、Random 和 for 循环的用法。

(3)阅读、编辑并运行例 3-22～例 3-24 的 Python 程序,掌握 Python 中 Pandas 对文件进行读写操作。

(4)阅读、编辑并运行优化后的生成考生数据的 Python 程序,并确保正确生成"模拟高考数据.csv"文件。

3.6.2 项目实战

项目小组完成对所提问题本质的探究,分析预期成果,初步完成解决问题方案的设计工作。

第 4 章　成绩赋分及确定考生位次

——Pandas 处理数据的部分函数、if 语句和函数

本 章 使 命

　　解决"使用 Python 语言实现高考平行志愿录取算法"这一任务的第二步是对高考原始数据进行赋分,并根据总成绩得到考生位次;同时,了解 Pandas 处理数据的基本方法、选择结构的实现方法以及模块化思想。

4.1　Question——提出问题

　　我们已经使用 Python 模拟生成考生高考原始数据,但还没有对高考选科科目(默认三门选科科目为历史、地理和政治)进行赋分,也没有通过高考总分得到考生的位次。因此,目前的考生数据还无法进行后面平行志愿的录取,还需要进行赋分和确认位次的处理。

　　我们如何对高考选科科目的成绩进行赋分,并通过高考总成绩得到考生的位次呢?

4.2　What——探索问题本质

　　由第 1 章可知,新高考规定:语文、数学、英语三门必考科目以原始分计入高考总分,三门选科科目按照表 1-4 的 A、B、C、D、E 的 5 等 21 级赋分规则赋分后再计入总分。

　　某一选科科目的赋分与该科目的排序相关,要得到赋分成绩,首先需要对单科成绩进行排序,然后计算排序位次百分比,最后通过查表得到赋分成绩。得到赋分成绩后,就可以对 6 门科目的成绩进行求和得到总分,通过排序得到考生的位次。在对考生总分排序的过程中,遇到总分相同的情况时的排序规则规定为:依次比较两者的语文、数学、英语和三门单科成绩,单科成绩高的考生排序在前。

　　因此,本章的任务就是找到相关方法,并对高考选科科目的原始成绩进行赋分,然后根据总分得到考生的位次。

　　同样利用"分而治之"的思想,将任务分为以下两个子任务:

（1）对三门选科科目进行赋分。

（2）计算考生总分，然后根据总分确定位次。

4.3　How——拓展求解问题必备的知识和能力

4.3.1　AI 助学

解决上面的问题，涉及如何得到排序的百分比位次、如何根据不同情况进行不同的处理、如何对多项数据求和、如何根据多个数据项排序等问题。在不知道如何下手的情况下，首先要想到借助 AI 工具，找到一个解决问题的方向。

下面以根据表 1-4 的规则进行赋分的问题为例，该问题是根据不同情况进行不同处理的问题，我们寻求 AI 的帮助。

我的问题：Python 如何根据不同情况进行不同的处理？

文心一言回答：在 Python 中，你可以使用条件语句（如 if、elif、else）和循环（如 for、while）根据不同的情况进行不同的处理。这些结构允许你根据特定的条件或条件集合来执行不同的代码块。

以下是一些基本的例子。

（1）使用 if、elif、else 进行条件判断。

```
x = 10
if x < 0:
    print("x 是负数")
elif x == 0:
    print("x 是零")
else:
    print("x 是正数")
```

在这个例子中，我们根据变量 x 的值来打印不同的消息。

（2）使用 for 循环处理列表或集合。

```
fruits = ['apple', 'banana', 'cherry']

for fruit in fruits:
    if fruit == 'apple':
        print("我喜欢吃苹果")
    else:
        print("我不喜欢吃这个水果")
```

在这个例子中，遍历一个包含水果名称的列表，并根据水果的名称打印不同的消息。

（3）使用 while 循环进行重复操作。

```
count = 0
while count < 5:
    print("这是第", count+1, "次循环")
    count += 1
```

在这个例子中,使用 while 循环来重复打印消息,直到计数器 count 达到 5。

此外,你还可以使用更复杂的逻辑结构,如嵌套的条件语句和循环,以及 Python 的内置函数和模块来处理更复杂的情况。Python 的语法清晰易读,使得编写这样的代码变得相对容易。

阅读 AI 工具的回答,通过方法(1),我们大概了解了需要学习 if、elif、else,可以根据不同条件处理不同的问题。通过方法(2),我们还了解了 for 循环和 if 可以结合在一起使用。方法(3)好像对我们的问题帮助不大,我们可以认为它是一本正经的胡说八道,忽略即可。

借助 AI 工具,我们很快就可以找到为了解决问题要学习的东西了。可能不全面、可能不一定是最好办法,但对我们学习的方向有了一个指导作用。

4.3.2　选科原始成绩的赋分方法

要使用 Python 语言对选科科目的原始成绩进行赋分,首先要读取在第 3 章模拟生成的"模拟高考数据.csv"文件,然后分别对三门选科成绩进行排序,并计算位次百分比,最后按照表 1-4 进行赋分。经过第 3 章的学习,我们已经能够通过 Python 中 Pandas 的 read_csv()方法,将模拟生成的考生高考成绩数据文件读取至 DataFrame 对象中。下面就要解决如何对数据进行排序、如何计算位次百分比以及如何赋分的问题。

4.3.2.1　数据排序的方法

进行成绩排序等操作需要对 DataFrame 对象中的数据进行查看和处理。下面首先学习 Pandas 的数据类型,以及 Pandas 如何查看 DataFrame 对象的数据、如何查询(提取) DataFrame 对象的数据、如何新增 DataFrame 对象的数据列、如何删除 DataFrame 对象的数据以及如何为数据排序等方法。

1. Pandas 的数据类型

1) Pandas 的 Series 类型数据

Pandas 提供了用于处理一维数据的 Series,它是一组有索引标签且数据类型相同的数据结构。Series 对象包括 values 和 index 两个部分:values 为一组数据;index 为相关数据的索引标签。

【例 4-1】　基于列表中的数据构建一个 Series 对象。

```
1    from pandas import Series                        #加载 Series
2    #由列表创建 Series 对象
3    names=["张珊","李思","王武","李明","徐晓丽"]    #定义一个名为 names 的列表
4    print("原始列表为:")
5    print(names)
6    Snames=Series(names)                             #由 names 列表创建一个 Series 对象
7    print("由列表创建的 Series 为:")
8    print(Snames)
```

程序例 4-1 运行结果如图 4-1 所示。原始列表 names 包含了 5 个字符串,所创建的 Series 对象 Sames 包含了字符串信息和索引标签信息。

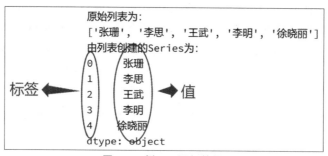

图 4-1　例 4-1 运行结果

2) Pandas 的 DataFrame 类型数据

Pandas 提供的 DataFrame 数据类型用于处理二维数据。图 4-2 是 Pandas 的 DataFrame 结构,该结构是有行标签(索引)和列标签(索引)的二维表格。每列可以是不同的值类型(数字、字符串、布尔型等)。

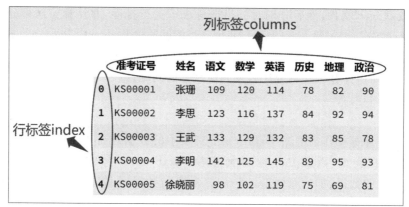

图 4-2　DataFrame 结构

2. 快速查看 DataFrame 的数据

Pandas 提供的 head()方法、tail()方法用于快速获取多行数据,info()方法和 describe()方法用于查看数据的概要信息等。

(1) head()方法:默认查看前 5 条数据,也可以给出具体输出行数的参数值。

(2) tail()方法:默认查看最后 5 条数据,也可以给出具体输出行数的参数值。

(3) info()方法:用于查看数据的概要信息,包括列数、列标签、列数据类型、每列非空值数量、内存使用情况等。

(4) describe()方法:用于查看数值型数据的数量、均值、最大值、最小值,方差等描述信息。

【例 4-2】　查看存储在 DataFrame 对象中的模拟高考数据的前 5 条数据。

```
1    import pandas as pd
2    df = pd.read_csv('d:/myproject/模拟高考数据.csv')
3    df.head()                                      #显示前 5 条数据
```

程序的第 2 行代码是将存储在"d:/myproject/模拟高考数据.csv"文件中的 10 000 条考生数据读入 df 变量中,df 是一个 Pandas 的 DataFrame 对象。程序例 4-2 运行结果如

图 4-3 所示。

	准考证号	姓名	语文	数学	英语	历史原始	地理原始	政治原始
0	KS00001	戴栋	123	119	76	84	69	72
1	KS00002	卫国庆	96	96	96	78	80	84
2	KS00003	韩倩	66	120	106	90	75	69
3	KS00004	臧远	125	97	94	71	69	68
4	KS00005	成致	94	99	122	67	79	73

图 4-3　例 4-2 运行结果

【例 4-3】 查看存储在 DataFrame 对象中的模拟高考数据的概要信息和数值型数据的描述信息。

```
1    import pandas as pd
2    df = pd.read_csv('d:/myproject/模拟高考数据.csv')
3    df.info()                              #数据的概要信息
4    df.describe()                          #数值型数据的描述信息
```

程序例 4-3 运行结果如图 4-4 所示。首先输出的是 df 对象的概要信息。例如,数据类型是 pandas 的 Dataframe;共有 10 000 条数据,行索引从 0~9999;数据共 8 列,各列的列名、每列非空值数量有 10 000 条、每列的数据类型和占用的内存空间等。然后输出的是 df 对象中数值型数据的统计值。分别是数量、均值、标准差、最小值、位于 25% 的值、中值、位于 75% 的值和最大值。

```
<class 'pandas.core.frame.DataFrame'>
RangeIndex: 10000 entries, 0 to 9999
Data columns (total 8 columns):
 #   Column    Non-Null Count   Dtype
---  ------    --------------   -----
 0   准考证号    10000 non-null   object
 1   姓名        10000 non-null   object
 2   语文        10000 non-null   int64
 3   数学        10000 non-null   int64
 4   英语        10000 non-null   int64
 5   历史原始    10000 non-null   int64
 6   地理原始    10000 non-null   int64
 7   政治原始    10000 non-null   int64
dtypes: int64(6), object(2)
memory usage: 625.1+ KB
```

	语文	数学	英语	历史原始	地理原始	政治原始
count	10000.0000	10000.000000	10000.000000	10000.000000	10000.000000	10000.00000
mean	99.3778	99.388400	99.571400	74.422900	74.323200	74.49120
std	14.8660	14.951759	14.975511	10.178026	9.941782	9.97802
min	41.0000	43.000000	40.000000	38.000000	39.000000	40.00000
25%	89.0000	89.000000	89.000000	68.000000	68.000000	68.00000
50%	99.0000	99.000000	100.000000	74.000000	75.000000	74.00000
75%	109.0000	110.000000	110.000000	81.000000	81.000000	81.00000
max	158.0000	155.000000	156.000000	113.000000	109.000000	114.00000

图 4-4　例 4-3 运行结果

3. 提取 DataFrame 中的数据

Pandas 提供了多种通过行标签和列标签提取 DataFrame 中的数据的方法,下面是常用的查询方法。

(1) 使用方括号"[ ]"访问数据——按列提取。

Pandas 提供了一种与列表、字符串访问方式相同的[ ]访问数据的方式,其语法格式如下:

df[列名列表]

其中,[ ]是索引运算符;df 是一个 DataFrame 对象;"列名列表"是要提取数据的列标签,可以是单个列名(选取一列),也可以是多个列名组成的列表(选取多列)。

如果提取的是单列数据,返回的是一个带索引的 Series 对象;如果提取的是多列数据,返回的则是一个 DataFrame 对象。

【例 4-4】 使用[ ]按列提取 DataFrame 中的数据。

```
1   import pandas as pd
2   #创建保存学生成绩的列表 stu1
3   stu1=[
4       ['KS00001','张珊',109,120,114,78,82,90],      #保存第一条学生信息
5       ['KS00002','李思',123,116,137,84,92,94],      #保存第二条学生信息
6       ['KS00003','王武',133,129,132,83,85,78]       #保存第三条学生信息
7       ]
8   #创建 DataFrame 对象,并通过 columns 参数指定列标签
9   df = pd.DataFrame(stu1,columns=['准考证号','姓名','语文','数学','英语','历史','地理','政治'])
10  print("完整的数据")
11  print(df)
12  column1 = df['数学']                             #按列读取数学成绩
13  print("数学成绩")
14  print(column1)
15  column2 = df[['数学','历史']]                     #按列读取数学和历史成绩
16  print("数学成绩 历史成绩")
17  print(column2)
```

程序的第 12 行代码中的 column1 是一个 Series 对象,提取了 df 中"数学"这一列的数据。第 15 行代码中的 column2 是一个 Dataframe 对象,提取了 df 中"数学"和"历史"这两列的数据。程序例 4-4 运行结果如图 4-5 所示。

提示:使用索引运算符还可以通过指定[beg:end:step]的形式,按照指定范围及步长提取 DataFrame 中的数据。对列表和字符串通过[beg:end:step]形式提取数据就是切片,表示截取部分数据,有兴趣的读者可以自己尝试一下。

(2) 使用 loc 方法提取数据。

loc 方法提供了基于标签的数据提取方法。语法格式如下:

```
df.loc[row_range]
```

或

```
df.loc[row_range,col_range]
```

```
完整的数据
      准考证号    姓名   语文   数学   英语   历史   地理   政治
0   KS00001   张珊   109   120   114   78    82    90
1   KS00002   李思   123   116   137   84    92    94
2   KS00003   王武   133   129   132   83    85    78
数学成绩
0    120
1    116
2    129
Name: 数学, dtype: int64
数学成绩  历史成绩
      数学    历史
0    120    78
1    116    84
2    129    83
```

图 4-5　例 4-4 运行结果

其中的 row_range 常见形式为：

- 一个 DataFrame 对象中定义的单个行标签。
- 一个包含多个行标签的列表。
- beg：end：step 形式，根据行标签切片，返回位于 beg 和 end 之间的元素，包括开始和结束标签，step 缺省时默认为 1。

其中的 col_range 常见形式为：

- 一个 DataFrame 对象中定义的单个列标签。
- 一个包含多个列标签的列表。
- beg：end：step 形式，根据列标签切片，返回位于 beg 和 end 之间的元素，包括开始和结束标签，step 缺省时默认为 1。

访问 DataFrame 对象时，规定先操作行标签，再操作列标签。

【例 4-5】　使用 loc 方法按行和按列提取 DataFrame 中的数据。

```
1    import pandas as pd
2    #创建保存学生成绩的列表 stu1
3    stu1=[
4        ['KS00001','张珊',109,120,114,78,82,90],     #保存第一条学生信息
5        ['KS00002','李思',123,116,137,84,92,94],     #保存第二条学生信息
6        ['KS00003','王武',133,129,132,83,85,78]      #保存第三条学生信息
7        ]
8    #创建 DataFrame 对象,并通过 columns 参数指定列标签
9    df = pd.DataFrame(stu1,columns=['准考证号','姓名','语文','数学','英语','历
     史','地理','政治'])
10   print("完整的数据-------------------------------------------")
11   print(df)
12   row1 = df.loc[0]#按行提取第一名同学的数据,按行
13   print("第一名同学的数据为-------------------------------------")
14   print(row1)
15   row2 = df.loc[[0,2]]#提取第一名和第三名同学的数据,按行
16   print("第一名和第三名同学的成绩为-------------------------------")
17   print(row2)
```

```
18  column2 = df.loc[:,['数学','历史']]#提取所有同学(按行)的数学和历史成绩(按列)
19  print("所有同学的数学成绩和历史成绩--------------------------------")
20  print(column2)
```

在上面的代码中,第 18 行代码"loc[:,['数学','历史']]"中的第一个逗号之前是行标签,此处的冒号":"表示提取所有行的数据;逗号之后是列标签,由于列出的是"数学"和"历史"两个列标签,因此,提取了数学和历史这两列的所有成绩。程序例 4-5 运行结果如图 4-6所示。

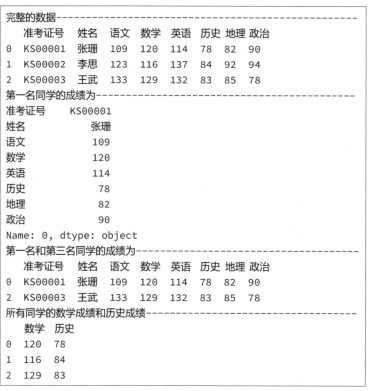

图 4-6   例 4-5 运行结果

(3) 使用 iloc 方法提取数据。

Pandas 还提供了基于位置访问元素的 iloc 方法提取数据,其用法与 loc 方法类似,但是要将标签替换成下标。语法格式如下:

df.iloc[i_range]

或

df.iloc[i_range,j_range]

其中 i_range 常见形式如下:

- 一个 DataFrame 对象中表示行位置的下标值。
- 一个包含多个行位置的下标组成的列表。
- beg:end:step 形式,根据行下标进行切片,返回位于 beg 和 end 之间的元素,返回值不包括 end 元素,step 缺省时默认为 1。

其中的 j_range 常见形式为：

- 一个 DataFrame 对象中表示列位置的下标值。
- 一个包含多个列位置的下标组成的列表。
- beg：end：step 形式，根据列下标进行切片，返回位于 beg 和 end 之间的元素，返回值不包括 end 元素，step 缺省时默认为 1。

【例 4-6】　使用[]、loc 方法和 iloc 方法读取模拟高考数据。

```
1   #导入 Pandas 库,并利用 as 关键字给 Pandas 库起个别名 pd
2   import pandas as pd
3   df = pd.read_csv('d:/myproject/模拟高考数据.csv')
4
5   #1.使用索引运算符"[]"提取历史成绩
6   print('使用索引运算符"[]"提取历史成绩')
7   print(df['历史原始'].head())
8   #2.使用 loc()方法提取历史、地理、政治成绩
9   print('使用 loc()方法提取历史原始、地理原始、政治原始成绩')
10  print(df.loc[:,['历史原始','地理原始','政治原始']].head())
11  #3.使用 iloc()方法提取第一位同学的历史成绩
12  print('使用 iloc()方法提取第一位同学的历史成绩')
13  print(df.iloc[0,5])
```

程序例 4-6 运行结果如图 4-7 所示。代码中使用了 head()方法，只输出所提取数据的前 5 条。

```
使用索引运算符"[]"提取历史成绩
0     59
1     64
2     36
3     57
4     14
Name: 历史原始, dtype: int64
使用loc()方法提取历史原始、地理原始、政治原始成绩
    历史原始    地理原始    政治原始
0     59      18      75
1     64      94      93
2     36      28      34
3     57      48      81
4     14       7      34
使用iloc()方法提取第一位同学的历史成绩
59
```

图 4-7　例 4-6 运行结果

4. 新增 DataFrame 的数据列

Pandas 提供了多种为 DataFrame 对象添加新数据列的方法，如直接赋值法、assign()方法、apply()方法等。下面仅介绍直接赋值法，有兴趣的读者可以查阅其他方法的具体用法。

【例 4-7】　通过索引运算符"[]"，用直接赋值法为 DataFrame 新增数据列。

```
1   import pandas as pd
2   stu1=[
```

```
3          ['KS00001','张珊',109,120,114,78,82,90],
4          ['KS00002','李思',123,116,137,84,92,94],
5          ['KS00003','王武',133,129,132,83,85,78],
6          ['KS00004','李明',142,125,145,89,95,93],
7          ['KS00005','徐晓丽',98,102,119,75,69,81]
8      ]
9
10   df = pd.DataFrame(stu1,columns=['准考证号','姓名','语文','数学','英语','历史',
     '地理','政治'])
11   #新增一个数据列"三门主科成绩之和",用于保存三门主科的成绩和
12   df.loc[:,'三门主科成绩之和']=df['语文']+df['数学']+df['英语']
13   df.head()
```

在上面的代码中,第12行代码中的"df.loc[:,'三门主科成绩之和']=df['语文']+df['数学']+df['英语']"是在 df 对象最后增加一个名为"三门主科成绩之和"的列,并用"df['语文']+df['数学']+df['英语']"计算结果直接赋值。程序例 4-7 运行结果如图 4-8 所示。

	准考证号	姓名	语文	数学	英语	历史	地理	政治	三门主科成绩之和
0	KS00001	张珊	109	120	114	78	82	90	343
1	KS00002	李思	123	116	137	84	92	94	376
2	KS00003	王武	133	129	132	83	85	78	394
3	KS00004	李明	142	125	145	89	95	93	412
4	KS00005	徐晓丽	98	102	119	75	69	81	319

图 4-8 例 4-7 运行结果

5. 删除 DataFrame 的数据

Pandas 提供了多种删除 DataFrame 对象数据的方法,如使用 dropna()方法删除缺失数据,使用 drop()方法删除指定行列数据,使用 drop_duplicates()方法删除重复数据,使用 del 删除单列数据等。

【例 4-8】 使用 del 删除数据列。

```
1    import pandas as pd
2    stu1=[
3          ['KS00001','张珊',109,120,114,78,82,90],
4          ['KS00002','李思',123,116,137,84,92,94],
5          ['KS00003','王武',133,129,132,83,85,78],
6          ['KS00004','李明',142,125,145,89,95,93],
7          ['KS00005','徐晓丽',98,102,119,75,69,81]
8    ]
9
10   df = pd.DataFrame(stu1,columns=['准考证号','姓名','语文','数学','英语','历
     史','地理','政治'])
11   #使用 del 删除三门选科成绩数据列
12   del df['历史']
13   del df['地理']
14   del df['政治']
15   df.head()
```

在上面的代码中,第 12~14 行代码,通过使用方括号"[ ]"选择 df 要删除的列,然后用 del 将它们删除。程序例 4-8 运行结果如图 4-9 所示。

6. DataFrame 的数据排名

Pandas 提供的 rank()方法用于为 DataFrame 中的数据计算排名。

rank()方法可以对 DataFrame 对象的一行或一列数据进行排名,返回的是一个 series 对象,该对象存储的是浮点型的排名数据;rank( )方法还可以对 DataFrame 对象的多行或多列数据进行排名,返回的是一个 DataFrame 对象,该对象存储的也是浮点型的排

	准考证号	姓名	语文	数学	英语
0	KS00001	张珊	109	120	114
1	KS00002	李思	123	116	137
2	KS00003	王武	133	129	132
3	KS00004	李明	142	125	145
4	KS00005	徐晓丽	98	102	119

图 4-9　例 4-8 运行结果

名数据。如果想要把排名转换成整数,可以使用 astype()方法,指定成 int 数据类型。

rank()方法的主要参数如下。

- axis:默认值是 0,表示对列进行排名;1 表示对行进行排名。
- method:排名方法。参数值包括'min'、'max'、'first'、'last'、'dense'和默认值'average'。'average'表示平均排名(若第一名和第二名得分相同,则两者将同时获得 1.5 的排名);'min'表示数值相同的项将获得最小的排名(如果第一名和第二名得分相同,两者均将获得第一名);'max'表示数值相同的项将获得最大的排名;'first'表示数值相同的项将获得第一次出现的排名;'last'表示数值相同的项将获得最后一次出现的排名;'dense'表示相同数值的项将依出现的顺序给出排名。
- ascending:指定按升序还是降序排名。默认值为 True,表示升序。如果降序需要设置为 False。
- na_option:指定如何处理缺失值(NaN),默认是'bottom',表示将缺失值放在排名的最后面;'top'表示将缺失值放在排名的最前面;'keep'表示缺失值不参与排名。
- pct:排名是否是百分比。默认值为 False,表示实际排名;设置为 True,表示返回相对于项数的百分比排名。

【例 4-9】　对学生数据中的"总分"进行排名,并将排名及其百分比排名添加到数据中。

```
1    import pandas as pd
2    stu1=[
3        ['KS00001','张珊',680],
4        ['KS00002','李思',498],
5        ['KS00003','王武',570],
6        ['KS00004','李明',630],
7        ['KS00005','徐晓丽',570]
8    ]
9
10   df = pd.DataFrame(stu1,columns=['准考证号','姓名','总分'])
11   #对总分进行排名
12   his_rank1 = df['总分'].rank(ascending=False,method='min').astype(int)
13   his_rank2 = df['总分'].rank(ascending=False,method='min',pct=True) * 100
14   #将排名结果添加到 df 中
15   df['排名']=his_rank1
16   df['百分比排名']=his_rank2
17   print('添加总分排名后的数据:\n')
18   df
```

在上面的代码中：

第 12 行代码，axis 取默认值，表示对列进行排名，通过 df['总分'] 可以实现对"总分"那一列数据进行排名；ascending＝False，表示降序，即分数越高其排名越低；王武和徐晓丽的总分相同，都是 570 分，570 是第三高分，由于 method＝'min'，因此，他们的排名都取当前顺序的最小值 3；astype(int)，是将最后排名结果的浮点型转换为整数。

第 13 行代码，增加了 pct＝True，排名结果为排名相对于项数的百分比，结果是浮点数，因此，最后乘了 100。

第 15 和 16 行代码，将排名结果增加到 df 中。

程序例 4-9 运行结果如图 4-10 所示。

添加总分排名后的数据：

	准考证号	姓名	总分	排名	百分比排名
0	KS00001	张珊	680	1	20.0
1	KS00002	李思	498	5	100.0
2	KS00003	王武	570	3	60.0
3	KS00004	李明	630	2	40.0
4	KS00005	徐晓丽	570	3	60.0

图 4-10　例 4-9 程序运行结果

4.3.2.2　赋分方法

由表 1-4 的赋分表可知，不同的排名位次百分比，需要赋予不同的分数，这种需要根据某个条件，决定执行哪种操作的结构就是程序中的选择结构。

1. 分支结构

第 2 章已经通过两只小猪称体重的例子，介绍了程序的选择结构。接下来将学习 Python 中选择结构的具体语法。Python 中的 if 语句是一种基本的控制结构，用于根据特定条件执行代码。根据执行情况的不同，可以将选择结构分为单分支、双分支和多分支结构。

1）单分支

如果情况发生才执行某种操作。单分支基本语法如下：

```
if condition:
    语句序列                              #如果条件为真,则执行语句序列
```

这里的 condition 是一个表达式，其结果为真（非 0）或假（零）。如果 condition 为真，则执行 if 语句下面的语句序列（缩进的代码块）；如果 condition 为假，则跳过 if 语句，继续执行后面的代码。

【例 4-10】　判断一个成绩是否及格。

```
1    score=eval(input("请输入你的成绩: (0~100)"))
2    if score>=60:                          #注意要写上":"
3        print("及格")
```

在上述代码中,如果输入的数据 score 大于或等于 60,则判断条件"score≥=60"为真,就会去执行语句系列,输出"及格"。

2) 双分支

如果情况发生,执行语句序列 1;否则,执行语句序列 2。双分支基本语法如下:

```
if condition:
    语句序列 1          #如果条件为真,则执行语句序列 1
else:
    语句序列 2          #否则,执行语句序列 2
```

3) 多分支

如果条件 1 满足,则执行语句序列 1,否则判断是否满足条件 2,条件 2 满足,执行语句序列 2,否则依次判断条件 3,……,条件 n,如果所有条件均不满足,执行 else 中的语句序列 n+1,结束分支。多分支基本语法如下:

```
if condition1:
    语句序列 1          #如果条件为真,则执行这条语句
elif condition2:
    语句序列 2          #如果第一个条件为假而第二个条件为真,则执行这条语句
...
else:
    语句序列 n+1        #如果之前的 n 个条件均不满足,则执行这条语句
```

［例 4-11］　判断成绩等级。

```
1   score=eval(input("请输入你的成绩：  (0~100)"))
2   if score< 0 or score>100:
3       print('您输入的数据不合法,请重新输入!')
4   elif score>=90:
5       print('您的成绩等级为 A')
6   elif score>=80:
7       print('您的成绩等级为 B')
8   elif score>=70:
9       print('您的成绩等级为 C')
10  elif score>=60:
11      print('您的成绩等级为 D')
12  else:
13      print('您的成绩等级为 F')
```

运行上面的程序,假设输入的是 64,则程序的运行结果如图 4-11 所示。

提示:各种分支语句中的语句序列即可以是简单语句,也可以是复杂语句。如 if 语句和循环语句。

```
请输入你的成绩：  (0~100)：64
您的成绩等级为D
```

图 4-11　例 4-11 运行结果

关于 if 语句,可扫描二维码学习更多细节。

2. 成绩赋分

1）单科成绩赋分的方法

【例 4-12】　考生单科成绩赋分。

考生单科成绩赋分的算法如下：

首先，对该科成绩进行排名，得到每位考生成绩对应的位次百分比。

然后，对所有的考生，通过查表 1-4，根据位次百分比给出赋分后的成绩。

实现这个算法可以通过我们已经学习到的 DataFrame 对象的相关方法。例如，操作行和列可以使用 loc 方法，计算位次的百分比可以使用 rank() 方法。

完整的代码如下：

```
1   import pandas as pd
2   stu1=[
3       ['KS00001','张珊',109,120,114,90],
4       ['KS00002','李思',123,116,137,75],
5       ['KS00003','王武',133,129,132,83],
6       ['KS00004','李明',133,125,140,89],
7       ['KS00005','徐晓丽',98,102,119,83],
8       ['KS00006','欧阳云',119,121,124,98],
9       ['KS00007','郭小丽',123,113,127,64],
10      ['KS00008','陈汉武',100,90,89,53],
11      ['KS00009','张莉',110,98,100,70],
12      ['KS00010','许云',101,105,102,78]
13  ]
14  df = pd.DataFrame(stu1,columns=['准考证号','姓名','语文','数学','英语','历史'])
15  #计算历史百分位次并记录到数据表中
16  df['历史百分位次'] = df['历史'].rank(ascending=False,method='min',pct=
    True) * 100
17  #根据百分位次赋分,当前有 10 条数据
18  for i in range(0,10):
19      percentile = df.loc[i,'历史百分位次']    #取考生的百分位次
20      if percentile <= 1:
21          graded_score = 100
22      elif percentile>=2 and percentile <= 3:
23          graded_score = 97
24      elif percentile>=4 and percentile <= 6:
25          graded_score = 94
26      elif percentile>=7 and percentile <= 10:
27          graded_score = 91
28      elif percentile>=11 and percentile <= 15:
29          graded_score = 88
30      elif percentile>=16 and percentile <= 21:
31          graded_score = 85
32      elif percentile>=22 and percentile <= 28:
33          graded_score = 82
34      elif percentile>=29 and percentile <= 36:
35          graded_score = 79
36      elif percentile>=37 and percentile <= 43:
37          graded_score = 76
38      elif percentile>=44 and percentile <= 50:
39          graded_score = 73
```

```
40        elif percentile>=51 and percentile <= 57:
41            graded_score = 70
42        elif percentile>=58 and percentile <= 64:
43            graded_score = 67
44        elif percentile>=65 and percentile <= 71:
45            graded_score = 64
46        elif percentile>=72 and percentile <= 78:
47            graded_score = 61
48        elif percentile>=79 and percentile <= 84:
49            graded_score = 58
50        elif percentile>=85 and percentile <= 89:
51            graded_score = 55
52        elif percentile>=90 and percentile <= 93:
53            graded_score = 52
54        elif percentile>=94 and percentile <= 96:
55            graded_score = 49
56        elif percentile>=97 and percentile <= 98:
57            graded_score = 46
58        elif percentile>=99 and percentile<100:
59            graded_score = 43
60        else:
61            graded_score = 40
62        df.loc[i,'历史赋分']=graded_score
63  print('添加历史赋分后的数据:\n')
64  df
```

在上面的代码中：

第 16 行代码使用 rank() 方法计算历史成绩的位次百分比，并将其存储到 df 的新增数据列"历史百分位次"中。

第 19 行代码的"df.loc[i,'历史百分位次']"是用 DataFrame 的 loc 方法取得第 i 位考生的"历史百分位次"数据。

第 20～61 行代码为查表 1-4 得到第 i 位考生的赋分后的成绩。

第 62 行代码是将赋分后的成绩存储到 df 的新增数据列"历史赋分"列中。

第 18～62 行代码整体是一个 for 循环，分别对 10 位考生进行赋分处理。

程序的运行结果如图 4-12 所示。

2）函数

我们可以按照例 4-12 的方法，分别对地理和政治成绩进行赋分。如果依次分别对历史、地理和政治三科成绩赋分，就等于还需要将例 4-12 中第 18～62 行代码再复制两遍，导致程序的可读性下降。对于类似的"功能相同，只是处理的数据不同"的问题，有没有好的办法简化代码呢？

为解决这个问题，人们通常将常用的功能看作一个一个的模块，在高级程序语言中用函数来实现模块的功能。在 Python 语言中，除了可以使用已有的函数，还可以根据需要定义和使用自己的函数。

（1）定义函数，规定函数（模块）的功能。包括需要输入什么样的数据（形参）、对输入数据进行什么样的处理，并返回处理结果。

Python 中定义函数的语法如下：

添加历史赋分后的数据:

	准考证号	姓名	语文	数学	英语	历史	历史百分位次	历史赋分
0	KS00001	张珊	109	120	114	90	20.0	85.0
1	KS00002	李思	123	116	137	75	70.0	64.0
2	KS00003	王武	133	129	132	83	40.0	76.0
3	KS00004	李明	133	125	140	89	30.0	79.0
4	KS00005	徐晓丽	98	102	119	83	40.0	76.0
5	KS00006	欧阳云	119	121	124	98	10.0	91.0
6	KS00007	郭小丽	123	113	127	64	90.0	52.0
7	KS00008	陈汉武	100	90	89	53	100.0	40.0
8	KS00009	张莉	110	98	100	70	80.0	58.0
9	KS00010	许云	101	105	102	78	60.0	67.0

图 4-12 例 4-12 运行结果

```
def 函数名(形参表):
    函数体
```

其中,def 是函数定义的关键字;之后跟的是函数名,函数名的命名规则同变量命名一样;函数名之后是一个圆括号,圆括号内部是函数的参数,说明函数需要什么样的输入,形参表可以为空,也可以为一个或多个;函数体说明函数要实现的功能;函数计算结果在函数体中通过 return 语句实现。

(2) 调用函数,给函数具体的输入(实参),函数通过执行代码对输入数据按规定进行处理,并返回处理后的结果。

Python 中调用函数的语法如下:

```
函数名(实参表)
```

【例 4-13】 定义一个名为 add 的函数,用于计算两个数的和,并调用这个函数。

```
1   def add(x,y): #注意冒号:不能少
2       z=x+y
3       return z
4   #调用 add 函数,传递 2 个参数
5   result1 = add(3,4)
6   print('二个数之和为:',result1)
7   result2=add(10,20)
8   print('二个数之和为:',result2)
```

在上面的代码中:

第 1～3 行代码定义了一个名为 add 的函数,功能是计算任意二个数的和,因此,该函数需要两个输入,参数 x 和参数 y。定义函数时的参数称为形参,如 x 和 y。函数体中的"z=x+y"规定了该函数的功能,即求 x 和 y 的和,将结果放到 z 中。最后通过"return z"返回了

函数的处理结果。

第 5 行代码是调用 add 函数计算 3 和 4 的和,将函数返回的结果赋值给变量 result1。此时的 3 和 4 是调用函数时给出的实际参数,因此称为实参。

第 7 行代码是调用 add 函数计算 10 和 20 的和,将函数返回的结果赋值给变量 result2。

```
二个数之和为:  7
二个数之和为:  30
```

图 4-13　例 4-13 运行结果

程序运行结果如图 4-13 所示。

定义一个函数后,就可以在需要的地方重复使用了。这就大大地提高了代码的可读性和重用性。

对于赋分操作,也可以定义一个用于给一科成绩赋分的函数。

【例 4-14】　定义赋分函数 calculate_gradedscore。

```
1   def calculate_gradedscore(percentile):    #形参 percentile 表示成绩百分比位次
2       if percentile <= 1:
3           graded_score = 100
4       elif percentile>=2 and percentile <= 3:
5           graded_score = 97
6       elif percentile>=4 and percentile <= 6:
7           graded_score = 94
8       elif percentile>=7 and percentile <= 10:
9           graded_score = 91
10      elif percentile>=11 and percentile <= 15:
11          graded_score = 88
12      elif percentile>=16 and percentile <= 21:
13          graded_score = 85
14      elif percentile>=22 and percentile <= 28:
15          graded_score = 82
16      ...
17      elif percentile>=97 and percentile <= 98:
18          graded_score = 46
19      elif percentile>=99 and percentile<100:
20          graded_score = 43
21      else:
22          graded_score = 40
23      return graded_score               #函数返回赋分成绩
```

上面的代码定义了一个专门处理赋分规则的函数 calculate_gradedscore,函数的输入是位次百分比 percentile;函数中根据位次百分比得到赋分成绩;函数最后通过 return 将计算出的赋分成绩返回。

定义好了赋分函数 calculate_gradedscore 后,只要有成绩的位次百分比,就可以直接调用该函数进行赋分处理。

【例 4-15】　修改例 4-12,通过定义并调用 calculate_gradedscore 函数给考生的单科成绩赋分。

```
1   import pandas as pd
2   stu1=[
3       ['KS00001','张珊',109,120,114,90],
4       ['KS00002','李思',123,116,137,75],
5       ['KS00003','王武',133,129,132,83],
6       ['KS00004','李明',133,125,140,89],
```

```
7              ['KS00005','徐晓丽',98,102,119,83],
8              ['KS00006','欧阳云',119,121,124,98],
9              ['KS00007','郭小丽',123,113,127,64],
10             ['KS00008','陈汉武',100,90,89,53],
11             ['KS00009','张莉',110,98,100,70],
12             ['KS00010','许云',101,105,102,78]
13         ]
14    df = pd.DataFrame(stu1,columns=['准考证号','姓名','语文','数学','英语','历史'])
15    #计算历史百分位次并记录到数据表中
16    df['历史百分位次']=df['历史'].rank(ascending=False,method='min',pct=True) * 100
17
18    #定义根据位次百分比得到赋分成绩的 calculate_gradedscore 函数
19    def calculate_gradedscore(percentile):    #形参 percentile 表示成绩百分比位次
20        if percentile <= 1:
21            graded_score = 100
22        elif percentile>=2 and percentile <= 3:
23            graded_score = 97
24        elif percentile>=4 and percentile <= 6:
25            graded_score = 94
26        elif percentile>=7 and percentile <= 10:
27            graded_score = 91
28        elif percentile>=11 and percentile <= 15:
29            graded_score = 88
30        elif percentile>=16 and percentile <= 21:
31            graded_score = 85
32        elif percentile>=22 and percentile <= 28:
33            graded_score = 82
34        elif percentile>=29 and percentile <= 36:
35            graded_score = 79
36        elif percentile>=37 and percentile <= 43:
37            graded_score = 76
38        elif percentile>=44 and percentile <= 50:
39            graded_score = 73
40        elif percentile>=51 and percentile <= 57:
41            graded_score = 70
42        elif percentile>=58 and percentile <= 64:
43            graded_score = 67
44        elif percentile>=65 and percentile <= 71:
45            graded_score = 64
46        elif percentile>=72 and percentile <= 78:
47            graded_score = 61
48        elif percentile>=79 and percentile <= 84:
49            graded_score = 58
50        elif percentile>=85 and percentile <= 89:
51            graded_score = 55
52        elif percentile>=90 and percentile <= 93:
53            graded_score = 52
54        elif percentile>=94 and percentile <= 96:
55            graded_score = 49
56        elif percentile>=97 and percentile <= 98:
57            graded_score = 46
58        elif percentile>=99 and percentile<100:
59            graded_score = 43
60        else:
61            graded_score = 40
```

```
62          return graded_score                              #函数返回赋分成绩
63
64     #给所有考生的成绩赋分
65     for i in range(0,10):
66          score = df.loc[i,'历史百分位次']                    #取考生的百分位次
67          df.loc[i,'历史赋分']=calculate_gradedscore(score)   #调用函数得到赋分成绩
68     print('添加历史赋分后的数据:\n')
69     df
```

在上面的代码中:

第 19～62 行代码定义了 calculate_gradedscore 函数。

第 67 行代码调用了该函数,得到赋分成绩,并将该成绩追加到 df 的历史赋分列中。

程序的运行结果与图 4-12 完全相同。

4.3.3　确定考生位次的方法

考生的位次是对考生的总成绩进行排名。因此,确定考生位次,需要先将 6 门成绩相加得到总成绩,然后按照总成绩、语文成绩、数学成绩、外语成绩和其他三门选科科目成绩进行多级排序。

4.3.3.1　计算总成绩

对成绩求和,我们可以使用上一节所学的索引运算符"[ ]",分别获取到 6 门科目的成绩,然后将 6 门成绩相加得到总成绩。但是,这种用法对求和的数据项较多的情况就不适用了。例如,若 100 个数据相加求和,我们需要写 99 个加法。

有没有一种简单的方法,能够直接用来对任意数量的数据进行求和呢?

DataFrame 的 sum()方法就可以解决任意数量的数据的求和问题。具体语法如下:

DataFrame.sum(axis=0, skipna=True……)

sum()方法有多个参数,下面是部分常用参数。

- axis:默认为 0,表示按列求和;axis 为 1,表示按行求和。
- skipna:表示求和时是否忽略空值,默认为 True,表示忽略空值。

sum()方法返回的是数据的求和结果,类型为 Series。

【例 4-16】　使用 sum()方法计算每一位考生的总分。

```
1     import pandas as pd
2     stu1=[
3          ['KS00001','张珊',109,120,114,58,58,67],
4          ['KS00002','李思',123,116,137,76,76,85],
5          ['KS00003','王武',133,129,132,67,67,85],
6          ['KS00004','李明',133,125,140,85,85,76],
7          ['KS00005','徐晓丽',98,102,119,40,40,58]
8          ]
9     df = pd.DataFrame(stu1,columns=['准考证号','姓名','语文','数学','英语','历史赋分','地理赋分','政治赋分'])
10    #使用索引运算符"[ ]"获取 6 科成绩并求总分
```

```
11  sum_score = df[['语文', '数学', '英语','历史赋分','地理赋分','政治赋分']].sum
    (axis=1)
12  #将计算的"总分"追加到 df 的新增"总分"数据列中
13  df['总分'] = sum_score
14  df
```

在上面的代码中：

第 11 行代码是使用 sum()方法按行(axis=1)求 6 门课程成绩的总和。

第 13 行代码是将计算的"总分"追加到 df 的新增"总分"数据列中。

程序的运行结果如图 4-14 所示。

	准考证号	姓名	语文	数学	英语	历史赋分	地理赋分	政治赋分	总分
0	KS00001	张珊	109	120	114	58	58	67	526
1	KS00002	李思	123	116	137	76	76	85	613
2	KS00003	王武	133	129	132	67	67	85	613
3	KS00004	李明	133	125	140	85	85	76	644
4	KS00005	徐晓丽	98	102	119	40	40	58	457

图 4-14   例 4-16 运行结果

4.3.3.2　确认考生位次

有了考生的赋分成绩和总成绩,我们就可以给每名考生确认考生位次了。在总成绩相同时,还不能简单地使用 rank()方法确认考生的位次,而是需要先对总成绩排序,当总成绩相同时,还需要对语文成绩进行排序;语文成绩相同时,再对数学成绩排序,等等。这是一个多级排序问题。

有没有一种简单的方法,能够直接用来对数据进行多级排序呢?

DataFrame 的 sort_values()方法可以实现对数据的多级排序,具体语法如下:

```
DataFrame.sort_values(by, * , axis=0, ascending=True, inplace=False…)
```

sort_values 方法包含多个参数,下面是部分常用参数。

- by：指定待排序标签(行或列),可以是单个标签,或标签列表。
- axis：默认为 0,表示对列排序;axis 为 1,表示对行排序。
- ascending：默认为 True,按升序排序,若为 False,则按降序排序。
- inplace：默认为 False,即不改变原 DataFrame 对象的数据;若为 True,则直接在原数据上排序,即原 Dataframe 对象的数据变为排序后的数据。

【例 4-17】　使用 sort_values()方法对总分进行降序排序。

```
1  import pandas as pd
2  stu1=[
3      ['KS00001','张珊',109,120,114,58,58,67],
4      ['KS00002','李思',123,116,137,76,76,85],
5      ['KS00003','王武',133,129,132,67,67,85],
6      ['KS00004','李明',133,125,140,85,85,76],
7      ['KS00005','徐晓丽',98,102,119,40,40,58]
8  ]
```

```
9   df = pd.DataFrame(stu1,columns=['准考证号','姓名','语文','数学','英语','历史
    赋分','地理赋分','政治赋分'])
10  #使用索引运算符"[]"获取 6 科成绩并求总分
11  sum_score = df[['语文','数学','英语','历史赋分','地理赋分','政治赋分']].sum
    (axis=1)
12  #将计算的"总分"追加到 df 的"总分"数据列中
13  df['总分'] = sum_score
14  #按照总分进行降序排序
15  df.sort_values(by='总分',ascending=False,inplace=True)
16  #输出排序后的 DataFrame
17  df
```

在上面的代码中,第 15 行代码使用 sort_values()方法对数据进行排序,其中,by='总分',axis 取默认值 0,表示对列排序;ascending=False,表示对总成绩进行降序排序;inplace=True,表示 df 中的数据会变为排序后的结果。程序运行结果如图 4-15 所示。

	准考证号	姓名	语文	数学	英语	历史赋分	地理赋分	政治赋分	总分
3	KS00004	李明	133	125	140	85	85	76	644
1	KS00002	李思	123	116	137	76	76	85	613
2	KS00003	王武	133	129	132	67	67	85	613
0	KS00001	张珊	109	120	114	58	58	67	526
4	KS00005	徐晓丽	98	102	119	40	40	58	457

图 4-15　例 4-17 运行结果

由图 4-15 可以看出,"李思"和"王武"两位学生的总分相同,计算考生位次时还需要考虑其他科目的成绩才能最终确认他们的位次。

【例 4-18】　使用 sort_values()方法进行多级排序。

```
1   import pandas as pd
2   stu1=[
3       ['KS00001','张珊',109,120,114,58,58,67],
4       ['KS00002','李思',123,116,137,76,76,85],
5       ['KS00003','王武',133,129,132,67,67,85],
6       ['KS00004','李明',133,125,140,85,85,76],
7       ['KS00005','徐晓丽',98,102,119,40,40,58]
8   ]
9   df = pd.DataFrame(stu1,columns=['准考证号','姓名','语文','数学','英语','历史
    赋分','地理赋分','政治赋分'])
10  #使用索引运算符"[]"获取 6 科成绩并求总分
11  sum_score = df[['语文','数学','英语','历史赋分','地理赋分','政治赋分']].sum
    (axis=1)
12  #将计算的"总分"追加到 df 的"总分"数据列中
13  df['总分'] = sum_score
14  #按照总分、语文、数学、英语等进行多级降序排序
15  df.sort_values(by=['总分','语文','数学','英语'],inplace=True,ascending=
    False)
16  #输出排序后的 DataFrame
17  df
```

在上面的代码中,第 15 行代码使用 sort_values()方法,通过设置"by=['总分','语文','数学','英语']"实现多级排序。程序运行结果如图 4-16 所示。

	准考证号	姓名	语文	数学	英语	历史赋分	地理赋分	政治赋分	总分
3	KS00004	李明	133	125	140	85	85	76	644
2	KS00003	王武	133	129	132	67	67	85	613
1	KS00002	李思	123	116	137	76	76	85	613
0	KS00001	张珊	109	120	114	58	58	67	526
4	KS00005	徐晓丽	98	102	119	40	40	58	457

图 4-16　例 4-18 运行结果

对比图 4-15 和图 4-16 可以看出,总分相同的"李思"和"王武",由于语文成绩不同,他们的位次发生了变化。

4.3.3.3　标注考生位次

使用前面的方法,如果考生的位次已经按照总成绩和各科成绩降序排列好了,成绩最好的考生位于 DataFrame 对象数据的第一行,成绩最差的考生位于 DataFrame 对象数据的最后一行,即每一名考生所在行就是他最终的高考位次。那么我们就可以直接根据该考生所在的行,标注出考生位次。

【**例 4-19**】　根据排序结果标注考生的位次。

```
1   import pandas as pd
2   stu1=[
3       ['KS00001','张珊',109,120,114,58,58,67],
4       ['KS00002','李思',123,116,137,76,76,85],
5       ['KS00003','王武',133,129,132,67,67,85],
6       ['KS00004','李明',133,125,140,85,85,76],
7       ['KS00005','徐晓丽',98,102,119,40,40,58]
8   ]
9   df = pd.DataFrame(stu1,columns=['准考证号','姓名','语文','数学','英语','历史
    赋分','地理赋分','政治赋分'])
10  #使用索引运算符"[]"获取 6 科成绩并求总分
11  sum_score = df[['语文','数学','英语','历史赋分','地理赋分','政治赋分']].sum
    (axis=1)
12  #将计算的"总分"追加到 df 的"总分"数据列中
13  df['总分'] = sum_score
14  #按照总分、语文、数学、英语等进行多级降序排序
15  df.sort_values(by=['总分','语文','数学','英语','历史赋分','地理赋分','政治赋
    分'],inplace=True,ascending=False)
16  #指定位次
17  df['位次'] = range(1, len(df) + 1)
18  #输出排序后的 DataFrame
19  df
```

在上面的代码中,第 17 行代码在 df 后追加了一列表示位次的数据,位次从 1 到 len(df),即所有考生的数量。程序运行结果如图 4-17 所示。考生的位次就是排序后所在的行号。

	准考证号	姓名	语文	数学	英语	历史赋分	地理赋分	政治赋分	总分	位次
3	KS00004	李明	133	125	140	85	85	76	644	1
2	KS00003	王武	133	129	132	67	67	85	613	2
1	KS00002	李思	123	116	137	76	76	85	613	3
0	KS00001	张珊	109	120	114	58	58	67	526	4
4	KS00005	徐晓丽	98	102	119	40	40	58	457	5

图 4-17　例 4-19 运行结果

4.4　Done——实际动手解决问题

我们已经学习了如何使用 Python 对数据进行排序,如何按照百分比位次对成绩进行赋分,如何计算总分,如何根据总分和各科成绩得到考生的最终位次。下面我们就对“模拟高考数据.csv”文件中的考生数据确定各考生的高考位次。

4.4.1　对选科科目赋分

对选科科目赋分的算法如下:
(1) 读入原始数据文件“模拟高考数据.csv”。
(2) 分别计算历史、地理、政治的位次百分比。
(3) 按照表 1-4 赋分规则,定义根据位次百分比计算赋分成绩的函数。
(4) 分别对历史、地理、政治进行赋分,循环为每位考生的成绩赋分。
(5) 将数据处理结果存储在“赋分后的高考模拟数据.csv”文件中。
选科科目赋分的完整代码如下:

```
1   import pandas as pd
2   df = pd.read_csv('d:/myproject/模拟高考数据.csv')
3
4   #分别计算历史、地理和政治的百分比位次并记录到数据表中
5   df['历史百分位次'] = df['历史原始'].rank(ascending=False,method='min',pct=True) * 100
6   df['地理百分位次'] = df['地理原始'].rank(ascending=False,method='min',pct=True) * 100
7   df['政治百分位次'] = df['政治原始'].rank(ascending=False,method='min',pct=True) * 100
8
9   #定义根据位次百分比得到赋分成绩的 calculate_gradedscore 函数
10  def calculate_gradedscore(percentile):     #形参 percentile 表示成绩百分比位次
11      if percentile <= 1:
12          graded_score = 100
13      elif percentile>=2 and percentile <= 3:
14          graded_score = 97
```

```
15        elif percentile>=4 and percentile <= 6:
16            graded_score = 94
17        elif percentile>=7 and percentile <= 10:
18            graded_score = 91
19        elif percentile>=11 and percentile <= 15:
20            graded_score = 88
21        elif percentile>=16 and percentile <= 21:
22            graded_score = 85
23        elif percentile>=22 and percentile <= 28:
24            graded_score = 82
25        elif percentile>=29 and percentile <= 36:
26            graded_score = 79
27        elif percentile>=37 and percentile <= 43:
28            graded_score = 76
29        elif percentile>=44 and percentile <= 50:
30            graded_score = 73
31        elif percentile>=51 and percentile <= 57:
32            graded_score = 70
33        elif percentile>=58 and percentile <= 64:
34            graded_score = 67
35        elif percentile>=65 and percentile <= 71:
36            graded_score = 64
37        elif percentile>=72 and percentile <= 78:
38            graded_score = 61
39        elif percentile>=79 and percentile <= 84:
40            graded_score = 58
41        elif percentile>=85 and percentile <= 89:
42            graded_score = 55
43        elif percentile>=90 and percentile <= 93:
44            graded_score = 52
45        elif percentile>=94 and percentile <= 96:
46            graded_score = 49
47        elif percentile>=97 and percentile <= 98:
48            graded_score = 46
49        elif percentile>=99 and percentile<100:
50            graded_score = 43
51        else:
52            graded_score = 40
53        return graded_score                             #函数返回赋分成绩
54
55    #分别给所有考生的历史、地理和政治成绩赋分
56    for i in range(0,len(df)):
57        score = df.loc[i,'历史百分位次']                 #取考生的百分位次
58        df.loc[i,'历史赋分']=calculate_gradedscore(score) #调用函数得到赋分成绩
59    for i in range(0,len(df)):
60        score = df.loc[i,'地理百分位次']                 #取考生的百分位次
61        df.loc[i,'地理赋分']=calculate_gradedscore(score) #调用函数得到赋分成绩
62    for i in range(0,len(df)):
63        score = df.loc[i,'政治百分位次']                 #取考生的百分位次
64        df.loc[i,'政治赋分']=calculate_gradedscore(score) #调用函数得到赋分成绩
65
66    #删除历史百分位次、地理百分位次和政治百分位次等三列数据
67    del df['历史百分位次']
68    del df['地理百分位次']
```

```
69  del df['政治百分位次']
70
71  #将赋分结果保存到新文件中
72  df.to_csv('d:/myproject/赋分后的高考模拟数据.csv',index=False)
```

在上面的代码中:

第 5~7 行代码完成了三门选科成绩的百分比位次计算。

第 10~53 行代码定义了根据位次百分比进行赋分的函数。

第 56~64 行代码对所有学生的历史、地理和政治进行了赋分。

第 67~69 行代码删除了赋分后不再需要的历史百分位次等数据列。

最后一行代码是将赋分后的 DataFrame 数据存储在 D 盘 myproject 目录下"赋分后的高考模拟数据.csv"文件中,由于 index=False,故行标签不会写入文件中。

使用 Excel 打开该文件,部分数据如图 4-18 所示,文件中包含列标签和数据,没有行标签数据。

	A	B	C	D	E	F	G	H	I	J	K
1	准考证号	姓名	语文	数学	英语	历史原始	地理原始	政治原始	历史赋分	地理赋分	政治赋分
2	KS00001	戴栋	123	119	76	84	69	72	85	64	40
3	KS00002	卫国庆	96	96	96	78	80	84	79	82	40
4	KS00003	韩倩	66	120	106	90	75	69	94	73	64
5	KS00004	臧远	125	97	94	71	69	68	67	64	61
6	KS00005	成致	94	99	122	67	79	73	61	79	70
7	KS00006	谈和	84	95	113	59	78	81	52	79	82
8	KS00007	冯圆	80	90	69	74	67	76	73	61	76
9	KS00008	钱年	80	103	104	45	81	70	43	82	64
10	KS00009	沈梓涵	101	133	91	55	80	77	40	82	76
11	KS00010	欧阳凯	111	99	90	56	71	71	40	67	67
12	KS00011	纪圆	97	84	101	71	82	87	67	85	91
13	KS00012	王圆	113	98	90	77	66	75	76	40	73
14	KS00013	毛琼	102	121	75	65	79	84	58	79	40
15	KS00014	许超	91	95	99	79	75	70	79	73	64
16	KS00015	梁丽	104	102	70	67	81	68	61	82	61

图 4-18　选科科目赋分后的数据文件

4.4.2　计算总成绩并确定位次

计算总成绩并确定位次的算法如下:

(1)将语文、数学、英语、历史赋分、地理赋分和政治赋分 6 门成绩进行求和,得到一列新的数据"总分"。

(2)对考生成绩进行多级排序,排序顺序依次为总成绩、语文、数学、英语、历史赋分、地理赋分和政治赋分。

(3)按照考生所在的行给出考生位次值,将其添加到二维数据的最后一列,命名为"位次"。

(4)将数据保存到"d:/myproject/高考考生位次.csv"文件中。

计算考生总成绩和确定位次的完整代码如下:

```
1  import pandas as pd
2  df = pd.read_csv('d:/myproject/赋分后的高考模拟数据.csv')
3  #将 6 门成绩相加得到总成绩
4  df['总成绩'] = df[['语文','数学','英语','历史赋分','地理赋分','政治赋分']]
   .sum(axis=1)
```

```
5    #多级排序
6    df.sort_values(by=['总成绩', '语文', '数学', '英语', '历史赋分', '地理赋分',
     '政治赋分'], inplace=True, ascending=False)
7    #指定位次
8    df['位次'] = range(1, len(df) + 1)
9    #将结果保存到新文件中
10   df.to_csv('d:/myproject/高考考生位次.csv',index=False)
```

运行代码后 D 盘 myproject 目录下生成一个名为"高考考生位次"的 csv 文件。使用 Excel 打开该文件,部分数据如图 4-19 所示,该文件同样只包含列标签和数据,没有行标签数据。

	A	B	C	D	E	F	G	H	I	J	K	L	M
1	准考证号	姓名	语文	数学	英语	历史原始	地理原始	政治原始	历史赋分	地理赋分	政治赋分	总成绩	位次
2	KS07784	郑恺	132	113	121	80	98	80	82	100	82	630	1
3	KS03681	臧红	124	116	113	87	90	88	91	94	91	629	2
4	KS03759	塔雯	128	123	138	94	82	62	97	85	55	626	3
5	KS05300	姚媛媛	113	119	125	91	93	76	94	97	76	624	4
6	KS09452	许强	119	104	142	85	76	88	88	76	91	620	5
7	KS00135	狄笑	119	123	112	73	98	90	70	100	94	618	6
8	KS05691	成致	100	137	110	81	87	94	82	91	97	617	7
9	KS06673	项恺	121	109	137	68	101	86	61	100	88	616	8
10	KS02660	赵冉	108	126	130	87	81	78	91	82	79	616	9
11	KS02662	庞允	128	121	86	91	91	87	94	94	91	614	10
12	KS03518	董云	125	127	124	81	93	65	82	97	58	613	11
13	KS01275	李红	116	107	131	78	82	91	79	85	94	612	12
14	KS04125	祁一	103	137	107	87	75	99	91	73	100	611	13
15	KS04615	杨家	86	111	146	84	83	94	85	85	97	610	14
16	KS08586	宋然	134	129	115	75	79	79	73	79	79	609	15
17	KS02473	卫然	118	112	127	86	81	81	88	82	82	609	16
18	KS07683	祝芳	118	121	123	85	80	76	88	82	76	608	17
19	KS09910	郑家	128	108	110	101	67	98	100	61	100	607	18
20	KS05019	陈致	120	120	124	74	88	78	73	91	79	607	19
21	KS09225	郑钗	117	123	109	85	77	90	88	76	94	607	20
22	KS01910	欧阳钗	103	114	114	106	85	86	100	88	88	607	21
23	KS06893	史九	124	101	122	91	70	77	94	70	76	606	22

图 4-19   计算了总成绩和位次的数据文件

4.5   Whether——评价与反思

4.5.1   总结与评价

我们已经完成了成绩赋分及确定考生位次的任务。

然而,我们的处理只是一个高考成绩赋分和计算位次的简单示例,现实生活中的高考总成绩计算和位次生成流程会更加复杂。例如:

(1)存在一些特殊加分的情况,考生可能会因为身份和获奖情况而具有高考加分资格。

(2)不同省份位次排序规则不同,需要针对不同情况设置不同的排序规则等。

(3)关于考生位次,尽管之前按照多级排序规则确定的考生位次,但仍然存在一种可能性,即多名考生 6 门科目分数一样。如果仅仅按照多级排序结果,从 1~10 000 递增的顺序确认位次,那么 6 门科目分数一样的考生的位次会不同,导致不公平。考生位次不能简单通过多级排序确定,需要在多级排序之后再加一层判断是否存在 6 门科目同分的情况,如果存在同分情况,还需要根据进一步的规则对这些考生进行排位。

4.5.2   AI 助学

我的问题:Pandas 检测 DataFrame 是否有完全相同的行的方法?

文心一言回答：在 Pandas 中，检测 DataFrame 是否有完全相同的行可以使用多种方法。以下是一些常用的方法。

方法 1：使用 duplicated( ) 函数。

duplicated 函数可以返回一个布尔序列，表示 DataFrame 中每行是否是重复行。默认情况下，它会考虑所有列。

```
import pandas as pd
#创建一个示例 DataFrame
df = pd.DataFrame({
    'A': [1, 2, 3, 4, 3, 2],
    'B': [5, 6, 7, 8, 7, 6]
})
#检测重复行
duplicates = df.duplicated()
#打印重复行的布尔序列
print(duplicates)
#如果想要知道是否有任何重复行,可以将布尔序列转换为单个布尔值
has_duplicates = duplicates.any()
print(has_duplicates)
```

（以下略）

在 AI 的提示下，为了判断是否存在多名考生各项成绩完全相同的问题，我们可以学习 Pandas 中的 duplicated( ) 方法。

duplicated( ) 方法的具体语法如下：

duplicated(subset=None, keep='first', *)

其中，常见参数含义如下：

- subset 指定要检查的列标签列表，缺省则默认检查所有列。
- Keep 指定如何标记重复值，默认为'first'，不同取值含义为：
  - "first"表示将第一个值视为唯一值，将其余相同的值视为重复值；
  - "last"表示将最后一个值视为唯一值，将其余相同的值视为重复值；
  - "False"表示将所有相同的值均视为重复项。

该方法返回值为布尔型的 Series 结构，True 表示重复，False 表示不重复。

〖**例 4-20**〗　使用 duplicated 方法检测各门成绩完全相同的行。

```
1   import pandas as pd
2   stu1 = [
3       ['KS00001', '张珊', 109, 120, 114],
4       ['KS00002', '李思', 123, 116, 137],
5       ['KS00003', '王武', 133, 129, 132],
6       ['KS00004', '李明', 133, 125, 140],
7       ['KS00005', '徐晓丽', 98, 102, 119],
8       ['KS00006', '王毅', 133, 129, 132]          #与王武成绩完全相同
9   ]
10  df = pd.DataFrame(stu1, columns=['准考证号', '姓名', '语文', '数学', '英语'])
11  #标记三门课程成绩完全相同的考生为 True
12  df['是否重复'] = df.duplicated(['语文', '数学', '英语', keep=False)
13  df
```

在上面的代码中,第 12 行代码使用 duplicated 函数将三门成绩完全相同的成绩标记为 True,并将标记结果存储到新增数据列 df['是否重复']中。程序运行的结果如图 4-20 所示。其中,由于王武和王毅的成绩完全相同,被标记出来,在排位时需要进行进一步处理。

	准考证号	姓名	语文	数学	英语	是否重复
0	KS00001	张珊	109	120	114	False
1	KS00002	李思	123	116	137	False
2	KS00003	王武	133	129	132	True
3	KS00004	李明	133	125	140	False
4	KS00005	徐晓丽	98	102	119	False
5	KS00006	王毅	133	129	132	True

图 4-20 例 4-20 运行结果

4.5.3 反思

例 4-20 只解决了一个小问题。对各科成绩完全相同的考生如何按照规则进行排序? 如果存在多组考生各科成绩完全相同的情况,又如何检测和处理? 在实际处理时,还会遇到很多问题。这都需要我们在对问题分析和算法设计阶段考虑到。如果有必要,还需要返回到前面的步骤,进行重新分析和设计。

由于 6 科成绩完全相同的情况是非常小的概率事件,后面忽略对这个问题的处理。

4.6 动手做一做

4.6.1 能力积累

(1) 阅读、编辑并运行例 4-1~例 4-9 的 Python 程序,掌握 Pandas 中处理数据的相关方法。

(2) 阅读、编辑并运行例 4-10~例 4-15 的 Python 程序,掌握 Python 中分支和自定义函数的使用方法。

(3) 阅读、编辑并运行例 4-16~例 4-20 的 Python 程序,掌握 Pandas 中 sum()方法、sort_values()方法和 duplicated()方法的使用方法。

(4) 阅读、编辑并运行 4.4.1 节对选科科目赋分的 Python 程序,生成你的高考赋分结果文件;阅读、编辑并运行 4.4.2 节计算考生位次的 Python 程序,生成你的高考考生位次文件。

扫描二维码获得第 4 章处理后的数据文件。

4.6.2 项目实战

项目小组根据所设计的解决问题的方案,学习解决问题的知识、工具和方法。

第5章　实现简易平行志愿填报系统

——字典、While 循环及跳转语句、变量的作用域、模糊查询、异常处理

本 章 使 命

解决"使用 Python 语言实现高考平行志愿录取算法"这一任务的关键处理,平行志愿填报;同时,掌握字典数据类型、由 DataFrame 对象创建字典、while 循环及跳转语句、变量的作用域等 Python 相关知识。

5.1　Excitation——提出问题

我们已经使用 Python 模拟生成了考生高考原始数据,对原始数据进行了赋分,并根据排序规则给出了考生的位次。接下来,考生通过查询院校的招生计划,就可以进行平行志愿的填报。由于我们无法获取各院校招生计划的实际数据,因此,可以参考前面的方法模拟生成各院校的招生计划数据,并存储在"招生计划.csv"文件中。

如何编写平行志愿的填报程序呢?

5.2　What——探索问题本质

关于院校的招生计划,我们直接使用模拟好的数据,包括院校代码、院校名称、专业代码、专业名称和招生人数 5 列,包含了 25 所院校、125 个专业、共计 163 条院校招生计划信息。数据存储在模拟生成的"招生计划.csv"文件中,用 Excel 打开可以看到部分招生计划数据如图 5-1 所示。

考生进行志愿填报时,首先需要查询各院校、各专业的招生计划。这个查询不是简单地把所有信息呈现出来,而是考生给出感兴趣的查询条件,程序筛选出满足条件的结果。例如,某考生想了解北京大学的各专业招生情况,输入"北京大学",就可以获得北京大学所有招生专业及招生人数情况。由于考生往往无法准确记住院校名称或专业名称,因此还要考虑根据部分关键字进行模糊查询的功能,即能够按照给出的部分信息进行检

	A	B	C	D	E
1	院校代码	院校名称	专业代码	专业名称	招收人数
2	100001	星际探索学院	101010	太空工程	2
3	100001	星际探索学院	101011	星际航行	29
4	100001	星际探索学院	101012	外星人研究	3
5	100001	星际探索学院	101013	逻辑学	14
6	100001	星际探索学院	101014	行星地质学	7
7	100001	星际探索学院	101015	星际法律与政策	2
8	100001	星际探索学院	101016	神经重构	63
9	100002	未来医疗技术学府	101013	逻辑学	7
10	100002	未来医疗技术学府	101017	基因编辑	3

图 5-1　模拟的部分院校招生计划数据

索。例如,某考生对医疗专业感兴趣,要查询所有院校的招生计划,输入"医疗"两个字,模糊查询就可以检索出所有包含"医疗"两个字的所有专业信息。当考生已经了解了感兴趣的院校和专业的招生计划,就可以结合自身排名位次进行平行志愿填报了,每名考生可以填报多个平行志愿。

因此,本章的任务就是完成为考生提供按条件查询招生计划的功能和平行志愿填报功能,并保存填报结果。

同样利用"分而治之"的思想,将任务分为以下两个子任务:

(1) 院校招生计划查询。

(2) 平行志愿填报。

5.3　How——拓展求解问题必备的知识和能力

5.3.1　AI 助学

我们已经知道查询招生计划要实现条件检索和模糊查询功能,但是如何使用 Python 实现还无从下手。此时就可以先考虑寻求 AI 的帮助。由于院校招生数据是一个二维数据,可以用 Pandas 的 DataFrame 对象来存储。我们先看看 Pandas 是不是有办法。

我的问题:如何对 DataFrame 按条件进行检索和模糊查询?

文心一言回答:在 Python 的 pandas 库中,DataFrame 是一个非常强大的数据结构,它允许你按条件检索和进行模糊查询。下面是一些基本的例子来说明如何做到这一点。

1. 按条件检索

假设你有一个名为 df 的 DataFrame,并且你想找出所有 column_name 列的值大于某个特定值 value 的行。你可以使用 loc 函数或者布尔索引来实现这一点。

```
import pandas as pd
#创建一个示例
DataFrame data = {'column_name': [1, 2, 3, 4, 5]}
df = pd.DataFrame(data)
#定义你的条件
value = 3
```

```
#使用 loc 函数按条件检索
result = df.loc[df['column_name'] > value] print(result)
```

2. 模糊查询

对于模糊查询，你可以使用 pandas 的 str.contains() 方法。这个方法允许你使用正则表达式来进行模糊匹配。

```
import pandas as pd
#创建一个示例 DataFrame
data = {'column_name': ['apple', 'banana', 'cherry', 'date']}
df = pd.DataFrame(data)
#定义你的模糊查询条件
pattern = 'an'
#使用 str.contains() 进行模糊查询
result = df[df['column_name'].str.contains(pattern, case=False)]
print(result)
```

在这个例子中，result 将包含所有 column_name 列的值包含子字符串'an'(不区分大小写)的行。注意，str.contains() 方法返回的是一个布尔序列，你可以用它来索引你的 DataFrame。

注意，这些只是基本示例，你可以根据自己的需求对它们进行扩展和修改。例如，你可以组合多个条件，或者使用更复杂的正则表达式进行模糊查询。

从 AI 的回答中，我们很容易地找到相关方法，在如何解决数据检索和模糊查询问题上，有了拓展学习的方向。

提示：在向 AI 工具提问的过程中，你的问题越明确越聚焦，得到的答案离你想要的结果越接近，很多已经就是问题的解。此时，我们应该清醒地意识到，人类已经步入智能化时代，AI 工具已经能够帮助人类解决很多问题。5E 是人类探索未知和创新的基本过程，一个人在 Excitation(提出问题)和 Exploration(发现问题本质)阶段的能力将成为核心竞争力。

5.3.2　查询招生计划的方法

5.3.2.1　按条件筛选

我们已经学习了使用索引运算符"[ ]"筛选(访问)DataFrame 中数据的方法。Pandas 还提供了一种按条件对 DataFrame 的数据进行筛选的操作方法，具体语法如下：

df[筛选条件]

其中筛选条件的常见形式为：df['标签']满足某个条件，如 df['标签']等于某个值，大于某个值或小于某个值，筛选条件则返回一个布尔型 Series，通过 df[布尔 Series]把 DataFrame 中对应标签，布尔值为 True 的数据筛选出来，得到的是 DataFrame 对象。

筛选条件既可以是单个条件，也可以是多个条件，多个条件之间使用 Pandas 的逻辑运算符与(&)、或(|)、非(~)连接。注意，每个筛选条件需要用小括号括起来。

【**例 5-1**】 按条件筛选 DataFrame 中的数据。

```
1    import pandas as pd
2    major_list1 = [
3        ['太空工程',2],
4        ['星际航行',29],
5        ['外星人研究',3],
6        ['逻辑学',14],
7        ['行星地质学',7],
8        ['星际法律与政策',2],
9        ['神经重构',63]
10   ]
11   df = pd.DataFrame(major_list1,columns=['专业名称','招生人数'])
12   print('--筛选条件:专业名称为逻辑学--')
13   print(df[df['专业名称']=='逻辑学'])
14   print('--筛选条件:招生人数超过8--')
15   print(df[df['招生人数']>8])
16   print('--筛选条件:招生人数在8~30的专业--')
17   print(df[(df['招生人数']>=8) & (df['招生人数']<=30)])
```

在上面代码中:

第 11 行代码,创建了一个 DataFrame 对象,存储的是专业名称和招生人数。

第 13 行代码,筛选条件为"df['专业名称']=='逻辑学'",为单个筛选条件,返回一个布尔型 Series,通过 df[布尔 Series]把筛选结果为 True(即专业名称为"逻辑学")的数据筛选出来。

第 15 行代码,筛选条件为"df['招生人数']>8",也是单个筛选条件,返回一个布尔型 Series,通过 df[布尔 Series]把筛选结果为 True(即"招生人数">8)的数据筛选出来。

第 17 行代码,筛选条件为"df['招生人数']>= 8"和"df['招生人数']<=30",为多条件筛选,多个条件同时满足,使用了逻辑与运算符"&"进行连接。同样返回一个布尔型 Series,通过 df[布尔 Series]把筛选结果为 True(即"招生人数">=8 并且"招生人数"<=30)的数据筛选出来。

程序运行结果如图 5-2 所示。

```
--筛选条件: 专业名称为逻辑学--
     专业名称   招生人数
3    逻辑学      14
--筛选条件: 招生人数超过8--
     专业名称    招生人数
1    星际航行      29
3    逻辑学       14
6    神经重构      63
--筛选条件: 招生人数在8~30的专业--
     专业名称    招生人数
1    星际航行      29
3    逻辑学       14
```

图 5-2 例 5-2 运行结果

DataFrame 的筛选方式还有很多,比如 AI 工具给出的 df.loc[df[筛选条件]];使用 df.between(a,b) 方法筛选取值范围在[a,b]的数据,包括边界 a 和 b;使用 df.isin(ls 列表)方法可以筛选出 ls 列表列举出来的所有数据等。读者在需要时再去学习。

5.3.2.2 模糊查询

模糊查询是一种非常有用的技术,可以帮助我们快速检索出数据中是否包含某些特定字符或字符串。在 Pandas 中,可以使用 str.contains()方法对 DataFrame 进行模糊查询。str.contains()方法接收一个包含要搜索的关键词字符串,返回一个布尔型的 Series 对象,用于指示每个元素是否包含这个关键词。

【例 5-2】　使用 str.contains( )方法进行模糊查询。

```
1   import pandas as pd
2   major_list2= [
3       ['101010','太空工程'],
4       ['101011','星际航行'],
5       ['101012','外星人研究'],
6       ['101013','逻辑学'],
7       ['101014','行星地质学'],
8       ['101015','星际法律与政策'],
9       ['101016','神经重构'],
10      ['101017','基因编辑'],
11  ]
12  df = pd.DataFrame(major_list2,columns=['专业代码','专业名称'])
13  find_major = input('请输入你要查询的专业:')
14  df['专业名称'].str.contains(find_major)
```

在上面代码中：

第 12 行代码，创建了一个 DataFrame 对象，存储的是专业代码和专业名称。

第 13 行代码，find_major 接收用户输入的要查询的专业名称，用户输入的可能不正确或只包含部分信息。

第 14 行代码，使用 str.contains( )方法查询 df['专业名称']这一列数据是否包含 find_major，返回一个布尔型的 Series。str.contains( )依次检查 df['专业名称']列中的每一个数据是否包含 find_major，包含则返回 True，不包含则返回 False。

假设用户输入的是"星际"，程序运行结果如图 5-3 所示。由于第 2 个和第 6 个专业中包含"星际"，因此结果为 True。

我们可以将使用 str.contains( )方法模糊查询的结果作为筛选条件，对数据进行查询。

```
请输入你要查询的专业: 星际
0    False
1    True
2    False
3    False
4    False
5    True
6    False
7    False
Name: 专业名称, dtype: bool
```

图 5-3　例 5-2 运行结果

【例 5-3】　将 str.contains( )作为筛选方法，将筛选结果作为条件进行条件检索。

```
1   import pandas as pd
2   major_list2 = [
3       ['101010','太空工程'],
4       ['101011','星际航行'],
5       ['101012','外星人研究'],
6       ['101013','逻辑学'],
7       ['101014','行星地质学'],
8       ['101015','星际法律与政策'],
9       ['101016','神经重构'],
10      ['101017','基因编辑'],
11  ]
12  df = pd.DataFrame(major_list2,columns=['专业代码','专业名称'])
13  find_major = input('请输入你要查询的专业')
14  result = df[df['专业名称'].str.contains(find_major)]
15  if result.empty:
16      print('你查询的专业不存在!')
```

```
17 else:
18     print(result)
```

在上述代码中：

第 14 行代码，result 为筛选后得到的 DataFrame 对象，筛选结果存在两种可能，一种是存在满足筛选条件的数据，即 df['专业名称'].str.contains(find_major) 模糊查询返回的 Series 中存在 True；另一种是不存在满足筛选条件的数据，此时 result 对象无数据。

第 15 行代码，是一个 if 分支的判断，DataFrame.empty 属性用来检查 DataFrame 对象数据是否为空，若空则返回 True，若不空则返回 False。

第 16 号代码，执行 True 的分值处理，输出"你查询的专业不存在！"。

第 18 行代码，执行 False 的分支处理，输出 result。

运行程序，假设输入"星际"，程序将返回专业名称中包含"星际"两个字的所有专业，程序运行结果如图 5-4 所示。

运行程序，假设输入"计算机"，程序将输出"您查询的专业不存在！"。运行结果如图 5-5 所示。

```
请输入你要查询的专业：星际
       专业代码        专业名称
1    101011        星际航行
5    101015        星际法律与政策
```

图 5-4　例 5-3 输入"星际"的运行结果

```
请输入你要查询的专业：计算机
您查询的专业不存在！
```

图 5-5　例 5-3 输入"计算机"的运行结果

5.3.2.3　多次查询的方法

考生进行招生专业查询时，应允许进行多次查询，即考生完成一次查询后还可以再进行下一次查询，直到考生不查询时再退出查询程序。这个过程是重复进行查询操作的过程。因此，可以用循环语句实现这个多次查询的处理。

1. while 循环

在 Python 中除了 for 循环以外，还提供了另外一种 while 循环，其语法格式如下：

While 循环条件：
　　语句序列

当遇到 While 语句时，首先判断循环条件是否为 True，若为 True，则先执行语句序列，然后再去判断循环条件；否则，就退出 While 循环。

【例 5-4】　使用 while 循环计算 $1+2+\cdots+100$。

```
1  n=100
2  i,sum=1,0           #i 和 sum 分别赋值为 1 和 0
3  while i<=100:        #当 i<=100 成立时继续循环,否则退出循环
4      sum=sum+i
5      i=i+1            #注意该行也是 while 循环语句序列中的代码,要与第 4 行有相同缩进
6  print(sum)           #输出求和结果
```

程序运行结果如图 5-6 所示,其中 While 语句的循环条件为 i≤100,循环语句序列为 sum＝sum＋i 和 i＝i＋1。

2. break

break 语句用于跳出 for 循环或 while 循环。

提示:对于多重循环(即循环嵌套循环),break 语句只能跳出它所在的那重循环。

【例 5-5】　输出 100 以内能整除 3 的第一个整数。

```
1    i=1
2    while i<=100:
3        if i%3==0:
4            print(i)
5            break
6        i=i+1
```

程序运行结果如图 5-7 所示。在 while 循环中,如果判断出当前的数 i 能被 3 整除(i%3==0 的结果为真),就将其输出;同时也不需要再判断下面的数了。因此,直接使用 break 语句退出循环即可。

```
5050
```
图 5-6　例 5-4 运行结果

```
3
```
图 5-7　例 5-5 运行结果

3. continue

continue 语句用于结束本次循环并开始下一次循环。

提示:与 break 语句类似,对于多重循环情况,continue 语句仅作用于它所在的那重循环。

【例 5-6】　输出 100 以内能整除 3 的所有整数。

```
1    i=1
2    while i<=100:
3        if i%3!=0:
4            i=i+1
5            continue
6        print(i,end=' ')
7        i=i+1
```

程序运行结果如图 5-8 所示。在 while 循环中,如果判断出当前处理的数 i 不能整除 3(i%3!=0 的结果为真),就直接使用 continue 继续判断下一个数;否则,这个 i 就是要找的数,将其输出。

```
3 6 9 12 15 18 21 24 27 30 33 36 39 42 45 48 51 54 57 60 63 66 69 72 75 78 81 84 87 90 93 96 99
```
图 5-8　例 5-6 运行结果

【例 5-7】　根据用户选择进行多次查询或退出查询(假设:1 是继续查询,2 退出查询)。

```
1    import pandas as pd
2    major_list2 = [
3        ['101010','太空工程'],
4        ['101011','星际航行'],
```

```
5          ['101012','外星人研究'],
6          ['101013','逻辑学'],
7          ['101014','行星地质学'],
8          ['101015','星际法律与政策'],
9          ['101016','神经重构'],
10         ['101017','基因编辑'],
11     ]
12     df = pd.DataFrame(major_list2,columns=['专业代码','专业名称'])
13     while True:
14         choose=eval(input('欢迎使用专业查询系统!输入数字进行选择:\n 1.查询专业 \n
       2.退出系统 \n'))
15         if choose==1:
16             find_major = input('请输入你要查询的专业:')
17             result = df[df['专业名称'].str.contains(find_major)]
18             if result.empty:
19                 print('您查询的专业不存在!')
20             else:
21                 print(result)
22         elif choose==2:
23             break
24         else:
25             print('你的输入非法,请重新输入!')
```

在上述代码中,第 14~25 行代码中用 choose 接收用户的输入。若用户输入数字 1,表示用户想要查询专业,根据用户的输入进行模糊查询;若用户选择数字 2,表示用户要退出查询,直接使用 break 语句退出查询程序。

假设用户要查询包括"星际"或"计算机"的专业,程序运行结果如图 5-9 所示。用户的输入顺序依次为 1、星际、1、计算机、2。

```
欢迎使用专业查询系统! 输入数字进行选择:
  1.查询专业
  2.退出系统
1
请输入你要查询的专业: 星际
       专业代码      专业名称
1   101011       星际航行
5   101015       星际法律与政策
欢迎使用专业查询系统! 输入数字进行选择:
  1.查询专业
  2.退出系统
1
请输入你要查询的专业: 计算机
你查询的专业不存在!
欢迎使用专业查询系统! 输入数字进行选择:
  1.查询专业
  2.退出系统
2
```

图 5-9   例 5-7 运行结果

5.3.2.4   数据的快速检索

在进行志愿填报时,需要先选择院校,然后选择该院校的具体某个专业,院校和专业之间具有映射关系;有了院校名称,需要快速定位到该院校的所有专业,这涉及数据的快速检索(查找)。通过关键字(如学校名称)快速访问到相应的数据(如专业和招生人数)是我们经常遇到的情景。Python 提供了一种能够存储数据对应关系,并能通过关键字就能够快速检索到数据的数据类型——字典。

Python 中的字典(Dictionary)的每个元素由一个键(key)和一个对应的值(value)组成,简称"键值对"。键值对的键和值之间使用冒号":"分隔,每个键值对之间用逗号","分隔。字典中的键必须是唯一的,值可以是任意类型的对象,即还可以是字典。字典中的值还是字典的情况,称为字典嵌套。不包含任何元素的字典称为空字典。

1. 创建字典

创建字典时,既可以使用花括号"{}",也可以使用 dict()方法。

【例 5-8】　创建字典。

```
1   #使用{}创建字典
2   my_dict1={'太空工程':2,'星际航行':29,'外星人研究':3}
3   print(my_dict1)
4   #使用 dict 函数创建字典
5   my_dict2=dict(逻辑学=14,行星地质学=7,星际法律与政策=2)
6   print(my_dict2)
7   #创建嵌套字典
8   my_dict3={
9       '星际探索学院':{'太空工程':2,'星际航行':29,'外星人研究':3},
10      '未来医疗技术学府':{'逻辑学':7,'基因编辑':3},
11      '全息艺术学院':{'光影画作':10,'虚拟雕刻':7,'全息音乐制作':96,'虚拟现实舞蹈':5}
12  }
13  print(my_dict3)
```

在上面代码中:

第 2 行代码,使用花括号"{}"创建了一个字典对象 my_dict1,"太空工程"和"星际航行"、"外星人研究"是字典的键;2、29、3 是字典的值。

第 5 行代码,使用 dict 函数创建了一个字典对象 my_dict2,"逻辑学""行星地质学"和"星际法律与政策"是字典的键;14、7、2 是字典的值。

第 8~12 行代码,创建了一个嵌套的字典对象 my_dict3,外层字典中"星际探索学院""未来医疗技术学府"和"全息艺术学院"是字典的键,内层的字典是具体的值。

程序运行结果如图 5-10 所示。

```
{'太空工程': 2, '星际航行': 29, '外星人研究': 3}
{'逻辑学': 14, '行星地质学': 7, '星际法律与政策': 2}
{'星际探索学院': {'太空工程': 2, '星际航行': 29, '外星人研究': 3}, '未来医疗技术学府': {'逻辑学': 7, '基因编辑': 3}, '全息艺术学院': {'光影画作': 10,
'虚拟雕刻': 7, '全息音乐制作': 96, '虚拟现实舞蹈': 5}}
```

图 5-10　例 5-8 运行结果

2. 访问字典的值

可以通过方括号"[]"和键的方式访问字典中与键对应的值,如果键不存在,会报KeyError 错误;也可以通过 get()方法根据给定的键获取对应的值,其语法格式如下:

```
dict.get(key,default=None)
```

get()方法是从字典 dict 中获取键为 key 的元素的值并返回。如果字典中不存在键为 key 的元素,则返回 default 参数的值(默认为 None)。

【例 5-9】 访问字典。

```
1    my_dict1={'太空工程':2,'星际航行':29,'外星人研究':3}
2    print(my_dict1['太空工程'])
3    print(my_dict1.get('星际航行'))
4    print(my_dict1.get('基因编辑'))
```

程序运行结果如图 5-11 所示。由于字典 my_dict1 中不存在"基因编辑"这一键,因此 my_dict1.get('基因编辑')返回的是 None。

```
2
29
None
```

图 5-11 例 5-9 运行结果

3. 修改字典的值

通过键才能修改字典中的值,如果该键在字典中已存在,则会将该键对应的值修改;如果该键在字典中不存在,则会在字典中插入一个新元素。

假设 dictionary 是一个字典,修改字典的值的语法格式如下:

dictionary[键]=新值

【例 5-10】 修改字典的值。

```
1    my_dict2=dict(逻辑学=14,行星地质学=7,星际法律与政策=2)
2    #修改字典中逻辑学对应的值
3    my_dict2['逻辑学']=17
4    print(my_dict2)
5    #字典中不存在键为神经重构的元素,所以会插入一个新元素
6    my_dict2['神经重构']=63
7    print(my_dict2)
```

程序运行结果如图 5-12 所示。

```
{'逻辑学': 17, '行星地质学': 7, '星际法律与政策': 2}
{'逻辑学': 17, '行星地质学': 7, '星际法律与政策': 2, '神经重构': 63}
```

图 5-12 例 5-10 运行结果

4. 获取字典的键、值和键值对

假设 dictionary 是一个字典,可以获取字典中所有的键、所有的值和所有的键值对。

(1) 使用字典中的 keys()方法可以获取字典所有的键。keys()方法的语法格式如下:

dictionary.keys()

(2) 使用字典中的 values()方法可以获取字典所有的值。values()的语法格式如下:

dictionary.values()

(3) 使用字典中的 items()方法可以返回一个可按(键,值)方式遍历的对象。items()方法的语法格式如下:

dictionary.items()

【例 5-11】　获取字典的键、值和键值对。

```
1   my_dict4=dict(张珊=18,李思=17,王武=19)
2   #获得字典中所有的键
3   print("字典中所有的键:")
4   for key in my_dict4.keys():
5       print(key)
6   #获得字典中所有的值
7   print("字典中所有的值:")
8   for value in my_dict4.values():
9       print(value)
10  #获得字典中所有的键值对
11  print("字典中所有的元素:")
12  for key,value in my_dict4.items():
13      print(key,value)
```

程序运行结果如图 5-13 所示。

```
字典中所有的键:
张珊
李思
王武
字典中所有的值:
18
17
19
字典中所有的元素:
张珊 18
李思 17
王武 19
```

图 5-13　例 5-11 运行结果

【例 5-12】　获得嵌套字典的值。

```
1   my_dict3={
2       '星际探索学院':{'太空工程':2,'星际航行':29,'外星人研究':3},
3       '未来医疗技术学府':{'逻辑学':7,'基因编辑':3},
4       '全息艺术学院':{'光影画作':10,'虚拟雕刻':7,'全息音乐制作':96,'虚拟现实舞蹈':5}
5   }
6   #只遍历外层字典
7   print('-------------------遍历外层字典-------------------------')
8   for key,value in my_dict3.items():
9       print(key,value)
10  #遍历整个字典
11  print('-------------------遍历整个字典-------------------------')
12  for key,inner in my_dict3.items():
13      print('院校信息为:',key)
14      for innerkey,innervalue in inner.items():
15          print('专业招生计划为:',innerkey,innervalue)
```

在上述代码中,第 12 行代码中的 key 是外层字典 my_dict3 的键,inner 是外层字典 my_dict3 的值。由于每一次循环 inner 都是一个字典(专业名称：招生人数),所以可以继续使用 items()方法,返回 inner 的键值对。

程序运行结果如图 5-14 所示。

```
-----------------------------遍历外层字典-----------------------------
星际探索学院 {'太空工程': 2, '星际航行': 29, '外星人研究': 3}
未来医疗技术学府 {'逻辑学': 7, '基因编辑': 3}
全息艺术学院 {'光影画作': 10, '虚拟雕刻': 7, '全息音乐制作': 96, '虚拟现实舞蹈': 5}
-----------------------------遍历整个字典-----------------------------
院校信息为： 星际探索学院
专业招生计划为： 太空工程 2
专业招生计划为： 星际航行 29
专业招生计划为： 外星人研究 3
院校信息为： 未来医疗技术学府
专业招生计划为： 逻辑学 7
专业招生计划为： 基因编辑 3
院校信息为： 全息艺术学院
专业招生计划为： 光影画作 10
专业招生计划为： 虚拟雕刻 7
专业招生计划为： 全息音乐制作 96
专业招生计划为： 虚拟现实舞蹈 5
```

图 5-14　例 5-12 运行结果

5. 判断字典中是否存在键

使用成员运算符 in 判断字典中是否存在某个键。

〔**例 5-13**〕　判断字典中是否存在某个键。

```
1    my_dict2=dict(逻辑学=14,行星地质学=7,星际法律与政策=2)
2    if '逻辑学' in my_dict2:
3        print('字典中存在键为逻辑学的元素')
4    else:
5        print('字典中不存在键为逻辑学的元素')
6    if '神经重构' in my_dict2:
7        print('字典中存在键为神经重构的元素')
8    else:
9        print('字典中不存在键为神经重构的元素')
```

程序运行结果如图 5-15 所示。

```
字典中存在键为逻辑学的元素
字典中不存在键为神经重构的元素
```

图 5-15　例 5-13 运行结果

关于字典的相关操作还有很多,此处不再一一列举,有兴趣和有需求的读者可以自行查阅相关文献。

5.3.2.5　由 DataFrame 构建字典

DataFrame.iterrows()方法可以按行遍历 DataFrame 中的每一行数据,返回的是行名和某行数据对,即(row index,Series)。

〖例 5-14〗　按行遍历 DataFrame,并将 DataFrame 中的数据存入字典中。

```
1    import pandas as pd
2    major_list = [
3        ['101010','太空工程'],
4        ['101011','星际航行'],
5        ['101012','外星人研究'],
6        ['101013','逻辑学'],
7        ['101014','行星地质学'],
8        ['101015','星际法律与政策'],
9        ['101016','神经重构'],
10       ['101017','基因编辑'],
11   ]
12   df = pd.DataFrame(major_list,columns=['专业代码','专业名称'])
13   major = {}                                    #定义存储专业信息的字典
14   #使用 iterrows()方法遍历 DataFrame,index 是行索引,row 是行数据
15   for index,row in df.iterrows():
16       major_code = row[0]                       #row[0]是专业代码
17       major_name = row[1]                       #row[1]是专业名称
18       major[major_code]=major_name              #将键值对添加到字典中
19   print(major)
```

在上述代码中:

第 13 行代码,定义了一个空字典 major 用于存储专业数据。

第 15～18 行代码,使用 DataFrame 的 iterrows 函数,遍历 DataFrame 对象 df 的每一行数据,返回每一行的行标签 index 和每一行的数据 row,其中 row 是 Series 类型。row 可以通过索引运算符"[]"进一步访问 Series 某个位置上的数据,row[0]是专业代码,row[1]是专业名称。

第 18 行代码,将 major_code 作为键,将 major_name 作为值,添加到字典中。

程序运行结果如图 5-16 所示。

```
{'101010': '太空工程', '101011': '星际航行', '101012': '外星人研究', '101013': '逻辑学', '101014': '行星地质学', '101015': '星际法律与政策',
 '101016': '神经重构', '101017': '基因编辑'}
```

图 5-16　例 5-14 运行结果

除了例 5-14 介绍的将 DataFrame 中的数据按照需要手动构造字典外,我们还可以通过 DataFrame.to_dict()方法将 DataFrame 转换成字典。DataFrame.to_dict()方法转换成字典类型时,可设置多个参数。另外,DataFrame 是具有行、列标签的二维表格型数据,遍历 DataFrame 中的数据时,既可以按照行遍历,也可以按照列遍历。遍历 DataFrame 的方法有很多,包括 DataFrame.iterrows()、DataFrame.items()和 DataFrame.itertuples()方法等。有兴趣的读者在需要时可以自己查阅 Pandas 的相关文档学习。

5.3.3　变量的作用域

在利用计算机解决实际问题时,通常是将原始问题分解成若干子问题,如我们将平行志愿填报任务划分为院校招生计划查询和平行志愿填报两个子任务。当然,每个子任务还可以划分出更小的任务。一个任务就是一个功能模块,高级语言通过定义函数来实现模块的

功能。在第 4 章中,我们已经知道了如何定义和调用一个函数。

为了实现院校招生计划查询和平行志愿填报任务,同样可以定义若干函数。我们发现,有几个函数可能要用到相同的数据,如招生计划数据。数据是被一个函数独享还是可以被多个函数共享,以及如何实现数据的独享或共享,这就是变量的作用域问题。

变量的作用域是指变量的作用范围,即定义一个变量后在哪些地方可以使用这个变量。Python 中的变量可分为局部变量和全局变量。

5.3.3.1 局部变量

局部变量是在函数内定义的变量,也包括形参。局部变量的作用域为函数范围,从定义局部变量的位置到函数结束。

【**例 5-15**】 局部变量的作用域。

```
1    def Function1(x):                    #定义函数 Function1,形参 x 是局部变量
2        print('在 Function1 中输出 x:',x)    #输出 x
3        x=100                            #将 x 的值修改为 100
4        print('在 Function1 中输出修改后的 x:',x)   #输出 x
5        y=10                             #在 Function1 函数内定义局部变量 y,赋值为 10
6        print('Function1 中 y 的值为:',y)    #输出 y
7    def Function2():                     #定义函数 Function2
8        x=5                              #在 Function2 内定义局部变量 x,赋值为 5
9        Function1(15)                    #调用 Function1 函数
10       print('在 Function2 中输出 x:',x)    #输出 x
11       print('在 Function2 中输出 y:',y)    #输出 y
12   Function2()                          #调用 Function2 函数
```

在上面代码中:

第 1～6 行代码定义了一个 Function1 函数,第 7～11 行代码定义了一个 Function2 函数。

程序从第 12 行代码开始执行,调用 Function2 函数,进入 Function2 函数内部。

Function2 先定义一个局部变量 x,并赋值为 5。

然后是第 9 行代码,用实参 15 调用 Function1 函数,即将 15 赋值给 Function1 的形参(局部变量)x,进入 Function1 函数内部:

输出 x 的值 15;

将 x 的值修改为 100;

再输出 x 的值 100;

定义一个局部变量 y,并赋值为 10;

输出 y 的值 10。

此时完成 Function1 的调用,返回到 Function2,继续执行第 10 行代码。此时,输出 x 的值,由于现在是在 Function2 函数中,Function1 函数中的局部变量 x 就不再起作用,而是 Function2 函数中的局部变量 x 起作用,因此,输出的是 Function2 函数中的 x 变量的值 5。

第 11 行代码是输出 y 的值。同样,由于 Function1 中的局部变量 y 不再起作用,在 Function2 函数中并没有局部变量 y,因此,程序会报"name 'y' is not defined"的错,即没有定义 y。

程序运行结果如图 5-17 所示。

```
在Function1中输出x：  15
在Function1中输出修改后的x：  100
在Function1中y的值为：  10
在Function2中输出x：  5


NameError                          Traceback (most recent call last)
Cell In[1], line 12
    10      print('在Function2中输出x：',x)   #输出x
    11      print('在Function2中输出y：',y)   #输出y
---> 12 Function2()

Cell In[1], line 11, in Function2()
     9 Function1(15) #调用Function1函数
    10 print('在Function2中输出x：',x)   #输出x
---> 11 print('在Function2中输出y：',y)

NameError: name 'y' is not defined
```

图 5-17　例 5-15 运行结果

5.3.3.2　全局变量

全局变量是在所有函数之外定义的变量。全局变量的作用域是所有函数，即在所有函数中都可以使用。

【例 5-16】　全局变量的作用域。

```
1   y=200
2   def Function1(x):                    #定义函数 Function1,形参 x 是局部变量
3       print('在 Function1 中输出 x:',x)   #输出 x
4       x=100                            #将 x 的值修改为 100
5       print('在 Function1 中输出修改后的 x:',x)   #输出 x
6       y=10                             #在 Function1 函数内定义局部变量 y,赋值为 10
7       print('Function1 中 y 的值为:',y)   #输出 y
8   def Function2():                     #定义函数 Function2
9       x=5                              #在 Function2 内定义局部变量 x,赋值为 5
10      Function1(15)                    #调用 Function1 函数
11      print('在 Function2 中输出 x:',x)   #输出 x
12      print('在 Function2 中输出 y:',y)   #输出 y
13  Function2()                          #调用 Function2 函数
```

在上面的代码中，与例 5-15 唯一的不同是在所有函数之外，定义了一个全局变量 y，并赋值 200。由于 y 的作用范围在所有函数，Function2 中虽然没有定义局部变量 y，但可以看到全局变量 y，因此，运行上面的程序就不会出现 y 没有定义的问题。

程序运行结果如图 5-18 所示。

在一个函数中要修改全局变量的值，必须使用 global 关键字声明使用该全局变量。即使不修改全局变量的值，为了提高程序的可读性，建议在函数内，如果使用全局变量，都用 global 对其进行声明。

【例 5-17】　在函数中用 global 声明使用的是全

```
在Function1中输出x：  15
在Function1中输出修改后的x：  100
在Function1中y的值为：  10
在Function2中输出x：  5
在Function2中输出y：  200
```

图 5-18　例 5-16 运行结果

局变量。

```
1   y=200
2   def Function():        #定义函数 Function
3       global y           #通过 global 关键字声明在 Function 函数中使用的是全局变量 y
4       print('修改前 y 的值:',y)
5       y=100              #在 Function 内定义局部变量 x,赋值为 100
6       print('修改后 y 的值:',y)
7   Function()             #调用 Function 函数
```

在上面的代码中,第 3 行代码声明了 Function 函数使用的 y 是一个全局变量。

程序运行结果如图 5-19 所示。

5.3.4　获取和设置工作目录

当我们用 to_csv('测试文件.csv')向磁盘写入一个文件时,或者用 read_csv('测试文件.csv')从磁盘读取一个文件时,由于只给出文件名,此时程序就会到当前的工作目录下去写或读文件。那么,如何获取和重新设置工作目录呢?

Python 的 os 模块可以方便地使用操作系统的相关功能。可以使用 os.getcwd 函数获取当前工作目录,返回当前 Python 解释器的工作目录的字符串表示;可以使用 os.chdir 函数设置新的工作目录。

【例 5-18】　获取和设置当前工作目录。

```
1    import os
2    #获取当前工作目录
3    current_directory = os.getcwd()
4    #输出当前工作目录
5    print("当前工作目录是:", current_directory)
6    #设置新的工作目录
7    new_dir = 'd:/myproject'                    #替换为你的目标目录路径
8    os.chdir(new_dir)
9    #再次获取当前工作目录
10   current_directory = os.getcwd()
11   #再次输出当前工作目录
12   print("当前工作目录是:", current_directory)
```

程序运行结果如图 5-20 所示。

```
修改前y的值:   200
修改后y的值:   100
```
图 5-19　例 5-17 运行结果

```
当前工作目录是: C:\Users\Admin
当前工作目录是: d:\myproject
```
图 5-20　例 5-18 运行结果

5.3.5　确认文件是否存在

当我们要读一个文件时,首先需要确认这个文件是否存在。当我们要写一个文件时,如果文件不存在,那么我们需要创建文件然后将信息写入文件;如果文件已经存在,那么我们不需要新建文件,而是将信息追加到文件后面即可。当然,也可以删除原来的文件再重建新文件。对文件读写,都需要判断文件是否存在。

在 Python 中,可以使用 os 模块的 path.exists 函数来判断文件是否存在。这个函数会检查给定路径的文件或目录是否存在,如果存在则返回 True,否则返回 False。

【例 5-19】 判断“d:/myproject/志愿文件.csv”文件是否存在。

```
1    import os
2    #文件路径
3    file_path = 'd:/myproject/志愿文件.csv'
4    #判断文件是否存在
5    if os.path.exists(file_path):
6        print(f"文件 {file_path} 存在")
7    else:
8        print(f"文件 {file_path} 不存在")
```

在上述代码中:

第 3 行代码是将要确认的文件路径及文件名赋值给字符串 file_path。

第 5 行代码调用 os.path.exists 函数确认 file_path 文件是否存在。

由于当前不存在这个文件,因此程序运行结果如图 5-21 所示。

文件 d:/myproject/志愿文件.csv 不存在

图 5-21 例 5-19 运行结果

提示:例 5-19 代码中的 file_path,给出的是文件的绝对路径,如果只给出文件名“志愿文件.csv”,而没有给出该文件所在的目录“d:/myproject”,则会去当前工作目录下寻找该文件是否存在。

关于 os 模块,可扫描二维码学习更多与系统有关的操作。

5.4 Done——实际动手解决问题

5.4.1 简易平行志愿填报系统的算法设计

我们只实现一个简易的志愿填报系统,包括招生专业查询和平行志愿填报两个功能模块。考生使用简易平行志愿填报系统,首先要用准考证号登录,然后程序会根据用户的选择运行相应的招生计划查询或平行志愿填报等功能模块。在登录、招生计划信息查询和平行志愿填报之前,我们需要完成将必要的数据文件读到内存等工作。一些二维数据可以存储在 DataFrame 对象中,为了提高查询速度,还有一些数据要存储在字典中。在考生填报好平行志愿之后,还要将填报信息存储在文件中。

1. 基础准备、系统登录及功能选择界面

1）基础准备

（1）加载第三方库 os 和 pandas。

（2）定义各模块用到的全局变量。

（3）将"高考考生位次.csv"文件中的数据存储到 DataFrame 对象 df_stu 中。

（4）将"招生计划.csv"文件中的数据存储到 DataFrame 对象 df 中。

（5）基于 df 创建以院校代码为键，以院校名称为值的字典 colleges。

（6）基于 df 创建一个嵌套字典 majors，外层字典的键为院校代码，外层字典的值是对应院校中所有的专业代码和专业名称构成的字典；内层字典的键是专业代码，值是专业名称。

（7）设置存储平行志愿填报结果的文件，如 file_path = 'd:/myproject/志愿文件.csv'.

2）用户登录的处理流程

（1）显示欢迎信息，提示用户输入准考证号。

（2）如果用户输入的准考证号存在，则显示欢迎使用本系统，并进入功能选择界面，否则，提示用户重新输入，并转到(1)。

3）定义一个用户功能选择界面函数 menu

功能选择的约定如下：

- 输入 1，进入专业查询模块。
- 输入 2，进入志愿填报模块。
- 输入 3，退出系统。
- 输入其他，输出"你的输入有误，请重新输入！"。

2. 招生计划信息查询（query_majors）

考生使用系统可以按照院校或专业进行招生计划信息查询，以便后面填报志愿。由于我们模拟的专业数量较多，共 125 个，所以下面仅实现按照专业查询招生人数的功能。按照学校查询招生计划的查询处理方法类似，读者可作为练习自己实现。对于招生计划信息查询，我们定义一个实现招生专业查询功能的 query_majors 函数，处理流程如下：

（1）提示用户输入要查询的专业或关键字，输入 3 则退出本功能模块。

（2）如果用户输入的是 3，则退出本功能模块；

否则，根据用户输入的关键字进行模糊查询：

如果没有查询到相关信息，则输出"你查询的专业不存在！"，继续执行(1)；

否则 输出查询结果，继续执行(1)。

3. 平行志愿填报（college_application）

考生使用系统进行平行志愿填报。我们定义一个实现平行志愿填报功能的 college_application 函数，处理流程如下：

（1）显示所有招生院校的院校代码和院校名称，定义一个函数 print_colleges 实现。

（2）考生通过输入院校代码选择院校。

（3）输出考生所选院校的所有招生专业代码和专业名称，定义一个函数 print_majors 实现，该函数需要传递一个存储院校编码的参数 college_code。

（4）考生输入专业代码选择专业，完成一个志愿的填报。

（5）重复（1）～（4），直到完成所有平行志愿的填报，退出本功能模块。

5.4.2　基础准备的实现

假设"招生计划.csv"和"高考考生位次.csv"文件都存储在 D 盘的 myproject 目录下。使用 Pandas 的 read_csv 方法将 csv 文件中的数据读取到 DataFrame 对象中，再将 DataFrame 中的数据存储到字典中。

实现的完整代码如下：

```
 1   import os
 2   import pandas as pd
 3
 4   #定义全局变量
 5   sno=''                                #未来存储准考证号
 6   sname=''                              #用来存储考生姓名
 7   colleges={}                           #用来存储招生计划文件中的院校数据
 8   majors={}                             #用来存储招生计划文件中的院校和专业数据
 9   file_path = 'd:/myproject/志愿文件.csv'   #设置平行志愿填报结果的文件
10
11   #读取高考考生位次文件
12   df_stu = pd.read_csv('d:/myproject/高考考生位次.csv')
13   #读取招生计划文件
14   df = pd.read_csv('d:/myproject/招生计划.csv')
15
16   #为 colleges 字典赋值
17   for index,row in df.iterrows():
18       code = row[0]                     #院校代码
19       name = row[1]                     #院校名称
20       #若院校代码在字典中不存在,则将院校代码和院校名称加入字典中
21       if code not in colleges:
22           colleges[code]=name
23   #为 majors 字典赋值
24   for index,row in df.iterrows():
25       code = row[0]                     #院校代码
26       college_name = row[1]             #院校名称
27       major_code = row[2]               #专业代码
28       major_name = row[3]               #专业名称
29       if code not in majors:
30           majors[code]={}
31           majors[code][major_code]=major_name
```

在上面的代码中：

第 5～8 行代码，定义了部分全局变量。

第 12 和第 14 行代码，读入两个必要的数据文件，分别存储在两个 DataFrame 对象中。

第 17～22 行代码，使用 iterrows 函数按行遍历存储招生计划的 DataFrame 对象 df，并将 df 中存储的"院校代码"和"院校名称"存储在字典 colleges 中，方便在填报平行志愿时输出院校信息。

第 24～31 行代码，同样使用 iterrows 函数按行遍历存储招生计划的 DataFrame 对象 df，并将 df 中存储的院校代码、专业代码和专业名称存储至 majors 字典中。majors 是一个

嵌套字典,外层字典的键为院校代码,外层字典的值是对应院校中所有的专业代码和专业名称构成的字典;内层字典的键是专业代码,值是专业名称;方便输出某个院校的所有专业。

5.4.3 招生专业查询 query_majors 函数的实现

招生专业查询是一个需要重复进行的过程,使用 While 循环实现,考生不想继续查询时,可使用 break 退出查询程序。该功能设计为 query_majors 函数,该函数将对存储了招生计划的 DataFrame 对象 df 的数据进行查询。根据设计时的约定,query_majors 函数仅实现按专业查询的功能。

完整的实现代码如下:

```
1   #定义查询专业的函数
2   def query_majors():
3       #声明全局变量
4       global df
5       #可重复查询
6       while True:
7           print('*********************************************************')
8           print('请输入你要查询的专业(支持模糊查询) \n 输入 3 退出查询程序:')
9           print('*********************************************************')
10          find_str= input()
11          if find_str=='3':
12              break
13          else:
14              ans = df[df['专业名称'].str.contains(find_str)]
15              if ans.empty:                    #如果表格为空表格,ans.empty 返回 True
16                  print('你查询的专业不存在!')
17              else:
18                  print('查询结果:\n')
19                  print(ans)
```

在上面的代码中:

第 4 行代码声明了函数将使用全局变量 df。

第 11~12 行代码,当用户输入 3 时,直接使用 break,跳出查询模块。

第 13~19 行代码,当用户输入的是一个要查询的关键字字符串,首先根据该关键字,在 df 的专业名称列进行模糊查询。如果没有匹配的,就会显示"你查询的专业不存在!";否则,将查询到的所有包含用户输入的关键字的专业显示出来。

假设前面已经进行了如下处理:

```
import pandas as pd
df = pd.read_csv('d:/myproject/招生计划.csv')
```

则使用如下语句调用 query_majors 函数:

```
query_majors()
```

运行程序时首先输入"星际",然后输入"计算机",最后输入"3",运行结果如图 5-22 所示。

```
************************************************
请输入你要查询的专业（支持模糊查询）
输入3退出查询程序：
************************************************
星际
查询结果：

        院校代码        院校名称      专业代码      专业名称      招收人数
1   100001      星际探索学院    101011    星际航行      29
5   100001      星际探索学院    101015  星际法律与政策      2
60  100010  宇宙地球科学研究所  101056    星际物理学      29
************************************************
请输入你要查询的专业（支持模糊查询）
输入3退出查询程序：
************************************************
计算机
你查询的专业不存在！
************************************************
请输入你要查询的专业（支持模糊查询）
输入3退出查询程序：
************************************************
3
```

图 5-22　调用 query_majors 函数的程序运行结果

5.4.4　平行志愿填报 college_application 函数的实现

我们将显示招生院校信息的功能定义为一个 print_colleges 函数，将根据院校代码输出对应院校专业信息的功能定义为 print_majors 函数，该函数有一个传递院校代码的形参 college_code。最后，定义实现平行志愿填报功能的函数 college_application。

完整的实现代码如下：

```
1   #定义显示招生院校信息的函数
2   def print_colleges():
3       #声明全局变量
4       global colleges
5       #输出招生院校的代码和名称
6       print('院校代码:院校名称')
7       for code, name in colleges.items():        #使用 items 遍历字典的键值对
8           print(f'{code}: {name}')
9
10  #定义根据院校代码,输出对应院校专业信息的函数
11  def print_majors(college_code):
12      #声明全局变量
13      global majors
14
15      #根据 college_code 参数查找相应学院的专业信息
16      if college_code in majors:
17          for code, name in majors[college_code].items():
18              print(f'{code}: {name}')
19      else:
20          print('该院校无此专业')
21
```

```
22    #定义平行志愿填报函数,假设一个学生可以填报 4 个志愿
23    def college_application():
24        #声明全局变量
25        global sno
26        global sname
27        global colleges
28        global majors
29        global file_path
30
31        new_data=[]                     #定义用于存放一位考生填报的志愿的列表
32        new_data.append(sno)            #将准考证号存入列表
33        new_data.append(sname)          #将姓名存入列表
34
35        #进行平行志愿填报
36        i=1
37        while i<5:                      #i用于限制志愿填报数量为 4
38            print_colleges()            #调用 print_colleges 函数,显示招生院校信息
39            college_code = int(input(f'现在选择第{i}个志愿\n 请输入你选择的院校代
    码:'))
40            if college_code in colleges:
41                print_majors(college_code)   #调用 print_majors()函数
42                while True:
43                    major_code = int(input('请输入你选择的专业代码:'))
44                    if major_code in majors[college_code]:
45                        print(f'你选择的院校是{colleges[college_code]},专业是
    {majors[college_code][major_code]}')
46                        new_data.append(colleges[college_code])
47                        new_data.append(majors[college_code][major_code])
48                        i+=1
49                        break
50                    else:
51                        print('该专业代码不存在,请重新输入')
52            else:
53                print('该院校代码不存在,请重新输入')
54
55        ls_new = []
56        ls_new.append(new_data)
57        df = pd.DataFrame(ls_new,columns=['准考证号','姓名','报考院校 1','报考专业
    1','报考院校 2','报考专业 2','报考院校 3','报考专业 3','报考院校 4','报考专业 4'])
58        #如果文件不存在,以创建方式写入文件,同时写入 header
59        if not os.path.exists(file_path):
60            df.to_csv(file_path, index=False)
61        #否则以追加模式写入数据,不包括 header
62        else:
63            df.to_csv(file_path, mode='a', header=False, index=False)
```

在上面的代码中:

第 4 行和第 13 行代码,声明了函数要使用全局变量。

第 2~8 行代码,定义了一个用于显示院校代码和院校名称的函数 print_colleges。该函数使用 items 方法遍历字典对象 colleges 中的键值对,并将键值对输出。

第 11~20 行代码,定义了一个根据院校代码,输出该院校所有专业数据的函数 print_majors。通过 majors[college_code],可以访问到由院校代码为 college_code 的院校所有专

业构成的内部字典,再使用 items 函数遍历该字典中的键值对,即专业代码和专业名称,然后将显示它们。如果不存在 college_code 的院校代码,则提示"该院校无此专业"。

第 23～63 行代码,定义了一个填报平行志愿的函数 college_application。该函数中,假设每个考生可以填报 4 个志愿。其中,第 32～33 行代码是将考生的准考证号和姓名存入 new_data 列表中;第 46～47 行代码,是依次将考生填报的院校名称和专业名称追加到 new _data 列表中;第 55～57 行代码是将考生的准考证号、姓名以及填报的 4 个志愿(院校名称和专业名称)存储在一个 DataFrame 对象 df 中;第 59～63 行代码是将填报结果存储在"志愿文件.csv"文件中。

调用该函数,首先显示出所有招生院校的代码和名称;假设用户此时选择"宇宙地球科学研究所",则输入该院校对应的院校代码"100010",然后按回车键,程序会输出该院校的所有招生专业;用户再输入"星际物理学"对应的专业代码"101056",然后按回车键;此时就完成了一个志愿的填报,并进入下一个志愿填报界面;直到完成所有志愿填报。程序运行情况的部分截图如图 5-23 所示。

```
100015：生物多样性与保护研究所
100016：机器人伦理与道德学院
100017：智能城市与可持续发展学府
100018：医疗影像诊断技术学院
100019：数字化传统文化保护学府
100020：食品科学与工程学院
100021：未来交通科技学院
100022：数字化艺术与音乐学府
100023：生命科学与生态学院
100024：量子计算与信息学院
100025：数字化商业管理学院
现在选择第1个志愿
请输入您选择的院校代码：：100010
101055：地质大气科学
101056：星际物理学
101057：太阳系生命探索
101058：宇宙起源研究
101028：工商管理
101059：行星地球化学
请输入您选择的专业代码：：101056
您选择的院校是宇宙地球科学研究所，专业是星际物理学

现在选择第2个志愿　请输入您选择的院校代码：
```

图 5-23　运行填报志愿函数情况的部分截图

5.4.5　功能选择的实现

定义一个 menu 函数实现功能选择。完整的实现代码如下:

```
1   #定义功能选择函数
2   def menu():
3       while True:
4           print('*****************************************************')
5           print('欢迎使用简易平行志愿填报系统!请输入数字选择相应功能:')
6           print('         1.查询专业\n          2.填报志愿\n          3.退出系统')
7           print('*****************************************************')
8           choose_1=input()
9           if is_integer_input(choose_1) and eval(choose_1)==1:
10              query_majors()                          #调用查询招生专业函数
11          elif is_integer_input(choose_1) and eval(choose_1)==2:
12              college_application()                   #调用志愿填报函数
13          elif is_integer_input(choose_1) and eval(choose_1)==3:
14              print('谢谢使用本系统,再见!')
15              break                                   #退出系统
16          else:
17              print('你的输入有误,请重新输入')
```

当调用 menu 函数时,功能选择界面如图 5-24 所示。

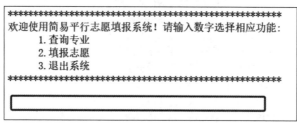

图 5-24 平行志愿填报系统功能选择界面

5.4.6 登录功能的实现

程序将从登录开始运行,登录成功后,调用 menu 函数,进入功能选择界面。

```
1   #用户执行程序从登录开始
2   print('*****************************************************')
3   print('欢迎使用简易平行志愿填报系统!请输入你的准考证号登录系统')
4   while True:
5       sno=input('请输入您的准考证号:格式为 KS+序号:')
6       if sno in df_stu['准考证号'].values:
7           i_index = df_stu['准考证号']==sno
8           sname=df_stu.loc[i_index,'姓名'].values[0]
9           print(f'{sname},恭喜你,登录成功!')
10          break
11      else:
12          print('登录失败!请输入正确的准考证号')
13  #登录成功后则进入功能选择界面
14  menu()
```

程序运行后,进入登录界面,用户输入正确的准考证号,则进入功能选择界面,如图 5-25 所示。

如果用户输入的准考证号不正确,则提示"登录失败!请输入正确的准考证号",并等待用户重新输入准考证号,如图 5-26 所示。

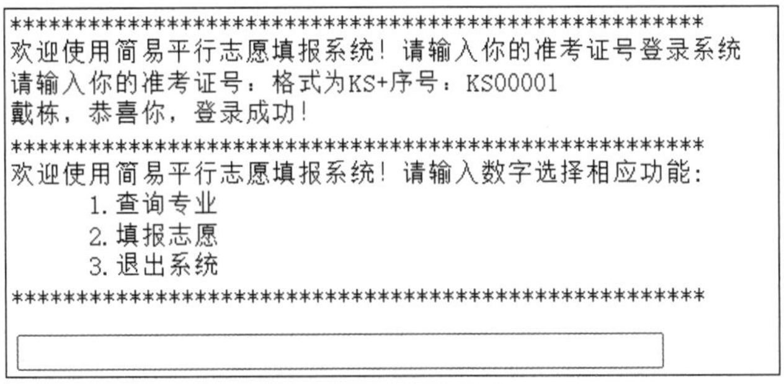

图 5-25　登录成功

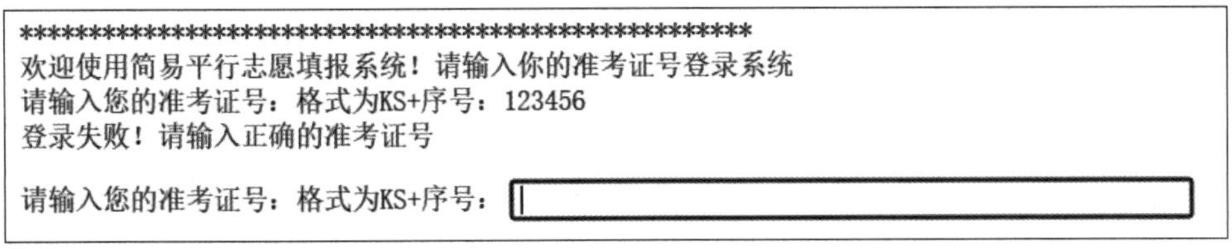

图 5-26　登录失败

5.5　Whether——评价与反思

5.5.1　对功能的评价与反思

事实上,我们目前实现的只是一个简易的平行志愿填报系统,现实生活中招生信息查询和平行志愿填报过程会更加复杂。例如

- 学生仅凭准考证号登录,就可以进行平行志愿填报,这样的处理明显不科学,还需要增加身份验证功能。
- 招生计划查询也过于简单,如还可以按照地区、批次、专业等查询。
- 对于志愿填报规则和数量均过于简单,没有考虑提前批次等情况。

所以,现实生活中的平行志愿填报程序要综合考虑所有因素,需要针对不同需求设计不同的算法,并编写代码实现相应的功能。

另外,在运行程序时可能会发现,我们的代码还存在问题。

例如,例 5-7 中的第 14 行代码:

```
choose=eval(input('欢迎使用专业查询系统!输入数字进行选择:\n 1.查询专业 \n 2.退出系统 \n'))
```

该行代码在执行时,如果 input 得到是一个非数字型字符,例如用户输入的是 abc,程序会报错,如图 5-27 所示。

同样,如果运行 5.4.5 节的功能选择代码,当输入的不是数字时,也会有类似的错误。

这提醒我们,在设计程序的算法时,不但要考虑用户的正常输入,还要考虑用户可能的异常输入。在计算机领域,这是程序的健壮性问题,我们编写的程序要尽量健壮。

```
欢迎使用专业查询系统！输入数字进行选择：
 1.查询专业
 2.退出系统
abc
_____
NameError                              Traceback (most recent call last)
Cell In[14], line 14
     12 df = pd.DataFrame(major_list2,columns=['专业代码','专业名称'])
     13 while True:
 ──→ 14     choose= eval(input('欢迎使用专业查询系统！输入数字进行选择：\n 1.查询专业 \n 2.退出系统 \n'))
     15     if choose==1:
     16         find_major = input('请输入你要查询的专业：')

File <string>:1

NameError: name 'abc' is not defined
```

图 5-27　异常输入导致程序无法继续运行

5.5.2　部分功能优化

5.5.2.1　借助 AI 工具优化

分析导致图 5-27 所列问题的根本原因是 abc 不是一个数字字符，无法正确调用 eval 函数将其转换为一个数值。此时，我们可以寻求 AI 帮助。

我的问题：Python 如何检测 Input 函数得到的是否是一个数字型字符？

文心一言回答：在 Python 中，如果你想检测 input 函数得到的输入是否是一个数字型字符，你可以使用 isdigit()方法（针对整数）或者 isdecimal()、isnumeric()或 isfloat()（针对更广泛的数字格式，包括小数和负数）。但是，请注意，isdecimal()、isnumeric()和 isfloat()是字符串方法，不能直接用于整数或浮点数。因此，你需要先将输入转换为字符串。

以下是一个示例，展示了如何使用 isdigit()来检测输入是否为整数：

```python
def is_integer_input(input_str):
    try:
        int(input_str)
        return True
    except ValueError:
        return False


user_input = input("请输入一个数字:")
if is_integer_input(user_input):
    print("你输入的是一个整数。")
else:
    print("你输入的不是一个整数。")
```

在这个例子中，我们尝试将输入转换为整数。如果转换成功，那么输入就是一个整数；否则，就捕获 ValueError 异常，并返回 False。

在 AI 工具的帮助下，我们可以直接复用 AI 给出的部分代码，很容易地修改我们这个不健壮的代码。注意，AI 的回答有逻辑问题，代码示例并没有用到前面文字部分说到的"展示了如何使用 isdigit()来检测输入是否为整数"，而是定义了一个函数。因此，使用 AI，要有批判性思维。下面是对例 5-7 优化后的代码：

```python
import pandas as pd
major_list2=[
    ['101010','太空工程'],
    ['101011','星际航行'],
    ['101012','外星人研究'],
    ['101013','逻辑学'],
    ['101014','行星地质学'],
    ['101015','星际法律与政策'],
    ['101016','神经重构'],
    ['101017','基因编辑'],
]
df = pd.DataFrame(major_list2,columns=['专业代码','专业名称'])
#定义一个数是否是数值的函数
def is_integer_input(input_str):
    try:
        int(input_str)
        return True
    except ValueError:
        return False

while True:
    choose=input('欢迎使用专业查询系统!输入数字进行选择:\n 1.查询专业 \n 2.退出系统 \n')
    if is_integer_input(choose) and eval(choose)==1:
        find_major = input('请输入你要查询的专业:')
        result = df[df['专业名称'].str.contains(find_major)]
        if result.empty:
            print('你查询的专业不存在!')
        else:
            print(result)
    elif is_integer_input(choose) and eval(choose)==2:
        break
    else:
        print('你的输入非法,请重新输入!')
```

运行优化后的代码，当输入非数值型字符时，如 abc，不会再报错。程序运行情况如图 5-28 所示。

类似地，我们也可以对 5.4.5 节的代码进行优化，读者可以自己练习。

5.5.2.2　异常处理方法

上面的 is_integer_input 函数中出现了 try、except 等，我们已经大概能猜出来是什么意思，这其实称为异常处理。异常是指因程序运行时发生错误而产生的信号。如果程序中没有对异常进行处理，则程序会抛出该异常并停止程序运行，如图 5-25 所示。为了保证程序能稳定运行，就需要程序有容错的能力，即需要在程序中捕获可能的异常并对其进行相应的处理。下面简单介绍 Python 中对可能出现的异常进行处理的方法。

1. 异常的分类

表 5-1 是常见的异常符号及其含义描述情况。

```
欢迎使用专业查询系统！输入数字进行选择：
  1.查询专业
  2.退出系统
1
请输入你要查询的专业：xingj
你查询的专业不存在！
欢迎使用专业查询系统！输入数字进行选择：
  1.查询专业
  2.退出系统
1
请输入你要查询的专业：星际
      专业代码        专业名称
1   101011      星际航行
5   101015      星际法律与政策
欢迎使用专业查询系统！输入数字进行选择：
  1.查询专业
  2.退出系统
abc
你的输入非法，请重新输入！

欢迎使用专业查询系统！输入数字进行选择：
  1.查询专业
  2.退出系统
```

图 5-28　例 5-7 代码优化后的运行情况

表 5-1　常见异常符号及含义

异常符号	异常含义
AssertionError	当 assert 语句失败时引发该异常
AttributeError	当访问一个属性失败时引发该异常
ImportError	当导入一个模块失败时引发该异常
IndexError	当访问序列数据的下标越界时引发该异常
KeyError	当访问一个映射对象(如字典)中不存在的键时引发该异常
MemoryError	当一个操作使内存耗尽时引发该异常
NameError	当引用一个不存在的标识符时引发该异常
OverflowError	当算术运算结果超出表示范围时引发该异常
RecursionError	当超过最大递归深度时引发该异常
RuntimeError	当产生其他所有类别以外的错误时引发该异常
StopIteration	当迭代器中没有下一个可获取的元素时引发该异常
TabError	当使用不一致的缩进方式时引发该异常
TypeError	当传给操作或函数的对象类型不符合要求时引发该异常
UnboundLocalError	引用未赋值的局部变量时引发该异常
ValueError	当内置操作或函数接收到的参数具有正确类型但不正确值时引发该异常
ZeroDivisionError	当除法或求模运算的第 2 个操作数为 0 时引发该异常
FileNotFoundError	当要访问的文件或目录不存在时引发该异常
FileExistsError	当要创建的文件或目录已存在时引发该异常

例如,在上面的 is_integer_input 函数中就用到了 ValueError,即不是正确的值的异常。

2. 异常处理

Python 进行异常处理是利用异常处理机制,通过 try、except、finally 和 else 语句块实现的。下面是一个基本的异常处理结构的例子:

```
try:
    #尝试执行一些代码
    x = 1 / 0
except ZeroDivisionError:
    #如果出现 ZeroDivisionError 异常,则执行这里的代码
    print("你不能除以零!")
except Exception as e:
    #如果出现其他类型的异常,则执行这里的代码
    print("出现了其他异常:", e)
else:
    #如果 try 块中的代码没有引发异常,则执行这里的代码
    print("没有异常发生")
finally:
    #无论是否发生异常,finally 块中的代码都会执行
    print("这是 finally 块")
```

在这个例子中,首先尝试执行一个会引发 ZeroDivisionError 的代码(除以 0)。如果发生这个异常,Python 会跳过 try 块中剩下的代码,执行第一个 except 块中的代码。如果 try 块中的代码没有引发任何异常,Python 会执行 else 块中的代码。无论是否发生异常,finally 块中的代码总是会执行。

此外,except 语句可以捕获多种类型的异常。如果想要捕获所有类型的异常,可以使用 except Exception as e,这样 e 就会包含异常的具体信息。

可以根据个人的需要使用这个机制,在异常处理程序中,除了 try 和一个 except 必须有,其他的 except、else 和 finally 都可以没有。如上面的 is_integer_input 函数,就只包含 try 和一个 except。

5.6 动手做一做

5.6.1 能力累积

(1)阅读、编辑并运行例 5-1~例 5-19 的 Python 程序,掌握 Pandas 模糊查询的方法、while 循环、字典、变量的作用域等方法。

(2)阅读、编辑并运行 5.4 节平行志愿填报的 Python 程序(可扫描下面的二维码),生成你自己的"志愿填报.csv"文件。

扫描二维码获得平行志愿填报系统全部代码和数据文件。

扫描二维码获得所有考生志愿填报结果文件"志愿填报结果.csv"。

5.6.2 项目实战

项目小组根据所设计的解决问题的方案,学习解决问题的知识、工具和方法,尝试解决部分问题。

第6章　　实现简易平行志愿录取系统

——多人协同开发程序

本 章 使 命

解决"使用 Python 语言实现高考平行志愿录取算法"这一任务的最后关键处理,实现简易平行志愿录取;同时,掌握 Python 中如何多人协同开发一个程序。

6.1 Question——提出问题

接下来结合院校的招生计划和考生填报的平行志愿数据,就可以完成志愿录取任务了。如果我们需要解决一个非常大的任务,为提高开发效率,往往需要多人合作完成。例如,第 5 章的平行志愿填报系统,我们就可以将"招生计划查询"任务分给一个人完成;将"平行志愿填报"任务,分给另一个人去完成。但是,多人开发一个程序,可能会出现很多新问题,例如多个程序如何对同一数据进行操作、这些程序按照什么顺序运行等。

用什么方法可以将不同人完成的功能整合到一起来实现平行志愿录取功能呢?

6.2 What——探索问题本质

"志愿填报结果.csv"文件存储了考生填报的志愿,包括位次、准考证号、姓名和 6 个志愿的院校名称和专业名称。图 6-1 是考生志愿填报的部分数据。该文件已经将考生按照位次进行了排序,即位次最高的考生在最前面。

图 6-1　考生志愿填报的部分数据

现在工作人员就要登录简易平行志愿录取系统进行录取工作了。该系统需要根据考生位次、考生志愿填报情况和招生计划进行判别，考生是否被某一志愿院校录取或没有被任何院校录取。我们可以参考之前已经掌握的 Python 方法，根据录取规则设计算法并用 Python 编程实现。多人协同完成简易平行志愿录取系统的开发，需要完成以下工作：

(1) 实现简易平行志愿录取系统的算法设计。

(2) 将任务进行划分。

(3) 进行相关约定，可能但不限于以下内容：

① 需要解决从哪儿开始执行程序，即程序入口问题；

② 需要解决什么时候执行哪个功能，即程序功能控制问题；

③ 还需要解决每个人处理的数据都是相同的，如考生数据、招生计划等，即程序中的数据共享问题。

因此，本章的任务就是完成上面的三个工作，多人协同、共同完成平行志愿录取任务。

6.3　How——拓展求解问题必备的知识和能力

6.3.1　AI 助学

当我们对"如何多人协同，共同完成平行志愿录取任务"这个问题没有任何头绪的时候，不要忘了及时寻求 AI 工具的帮助，寻找学习的方向。

我的问题：如果一个 Python 程序需要两个人共同完成，我们应该怎么办？

文心一言回答：当两个人需要共同完成一个 Python 程序时，以下是一些建议的步骤和策略。

(1) 明确需求和目标：

● 在开始编程之前，确保两个人都清楚地了解项目的需求和目标。

● 讨论并确定项目的主要功能和特性。

(2) 划分任务和职责：

● 根据每个人的技能和经验，合理划分任务。

● 确定谁负责哪些模块或功能，并确保任务之间有明确的接口。

(3) 使用版本控制系统：

● 使用 Git 或其他版本控制系统来管理代码。

● 这有助于跟踪每个人的更改，合并代码，以及解决可能出现的冲突。

(4) 定义代码风格和规范：

● 确保两个人都遵循相同的代码风格和命名规范。

● 可以使用 PEP 8 作为 Python 代码风格的参考。

(5) 定期沟通和讨论：

● 定期开会讨论项目的进展、遇到的问题和解决方案。

● 确保两个人都在同一页面上，并对项目的方向有共同的理解。

（6）编写文档和注释：

- 为代码编写清晰的文档和注释，以便另一个人能够理解你的代码和工作方式。
- 这也有助于未来的维护和扩展。

（7）测试和调试：

- 编写单元测试和集成测试，以确保代码的质量和稳定性。
- 当出现问题时，一起调试并解决问题。

（8）代码审查和反馈：

- 在合并代码之前，进行代码审查。
- 提供反馈和建议，以改进代码的质量和可读性。

（9）持续集成和部署：

- 使用持续集成工具（如 Jenkins 或 Travis CI）来自动构建、测试和部署代码。
- 这有助于及时发现和修复问题，确保代码的质量。

（10）庆祝成功：

- 当项目完成时，一起庆祝成功！回顾项目的经验教训，并为未来的合作做好准备。

通过遵循这些步骤和策略，两个人可以有效地合作完成一个 Python 程序，并建立良好的合作关系。

通过 AI 工具的回答，我们大致了解了多人协作编程要考虑的因素，例如，明确需求、划分任务、约定功能和接口、统一代码风格和规范、编写文档和代码注释、测试和调试等。下面我们就可以有针对性地继续向 AI 工具追问，并进行深入学习。

6.3.2　模块化编程

在进行程序设计时，先将一个复杂的系统分解成若干相对独立、功能单一的模块，并利用这些模块积木式地组合成所需的全部程序。这种可以按照功能的不同，将代码分门别类地放在不同的程序文件的方法，就是模块化编程。在 Python 中，一个 Python 文件就是一个模块。Python 文件的扩展名为.py。一个程序如果有多个模块，就会有多个 Python 文件。

6.3.2.1　程序的入口和执行流程控制

如果一个程序有多个 Python 文件，就会存在程序从哪里开始执行的问题，就会存在文件之间相互的调用关系问题，即程序执行流程问题。为了定义程序执行的入口和控制程序执行流程，我们可以定义主程序。主程序也是一个 Python 文件，用来启动和控制整个 Python 程序。主程序包含了要执行的代码，以及在运行时调用的其他模块、函数和变量。人们习惯在主程序中命名一个 main 函数，通过调用 main 函数来启动整个程序。main 函数包含整个程序的执行逻辑和流程控制。

1. 编写和运行模块文件

Python 中的每个模块（.py 文件）都有一个记录模块名称的变量"__name__"（name 前后均有两个短下画线），该变量的作用是获取当前模块的名称。如果当前模块是单独执行的，则其"__name__"值就是__main__；否则，如果当前模块是被其他模块导入执行的，则"__name__"的值是模块的名字。

【**例 6-1**】 编写一个模块文件 model.py，该模块实现"求 n!"和"求 1+2+⋯+n"的两个功能。

```
1    #定义 fac 函数,实现求 n!
2    def fac(n):
3        power = 1
4        for i in range(2,n+1):
5            power = power * i
6        return power
7    #定义 add 函数,实现求 1+2+⋯+n
8    def add(n):
9        sum1=0
10       for i in range(1,n+1):
11           sum1=sum1+i
12       return sum1
13
14   #判断该模块是单独执行还是被导入执行
15   if __name__ == "__main__":
16   #如果是单独执行,则执行下面对功能的测试代码。
17       n=eval(input('请输入一个正整数'))
18       result1 = fac(n)
19       result2 = add(n)
20       print(f'{n}!={result1}')              #f-String 进行格式化输出
21       print(f'1+2+⋯+{n}={result2}')          #f-String 进行格式化输出
```

在 Jupyter Notebook 下直接运行这个模块。此时,第 15 行代码 __name__ 的值是"__main__",所以会执行下面第 17~21 行对功能进行测试的代码。假设输入数字 5,则程序运行结果如图 6-2 所示。

```
请输入一个正整数: 5
5! =120
1+2+...+5=15
```

图 6-2 例 6-1 运行结果

2. 保存模块文件

当完成例 6-1 模块文件内容的编写,并测试没有问题以后,需要将其保存为.py 文件。Jupyter Notebook 下如果直接保存,只能得到后缀为.ipynb 的 Notebook 文件。要生成 model.py 模块文件,日后供其他模块导入并调用它定义的函数,可以在例 6-1 的代码首行添加一行代码％％writefile d:/myproject/model.py,该代码表示将后面的代码写入 d:/myproject/model.py 文件中。此时再运行这个模块,则在 d:/myproject 下就会看到 model.py 这个模块文件了。

如果我们提前调用了 os 模块将工作目录设置为 d:/myproject,则添加写模块文件的语句就可以直接写文件名:％％writefile model.py。

3. 模块调用方法

当一个 Python 文件要调用另一个模块中的某些函数时,可以通过 import 或 from import 两种方式导入该模块。

1) import 方式导入模块

一行导入一个模块的语法格式如下:

```
import module1
import module2
...
import moduleN
```

一行导入多个模块的语法格式如下：

```
import module1,module2,…,moduleN
```

【例 6-2】　导入例 6-1 生成的 model.py 模块，求某个数的阶乘和 n 项数的和。

```
1    import os
2    #设置当前的工作目录为 d:/myproject
3    os.chdir('d:/myproject')
4    import model
5    #定义主函数 main
6    def main():
7        result1 = model.fac(6)          #调用 Model 模块的 fac 函数
8        result2 = model.fac(15)
9        result3 = model.add(10)         #调用 Model 模块的 add 函数
10       result4 = model.add(20)
11       print(f'6!={result1}')
12       print(f'15!={result2}')
13       print(f'1+2+...+10={result3}')
14       print(f'1+2+...+20={result4}')
15
16   #判断该模块是单独执行还是被导入执行
17   if __name__ == "__main__":
18       main()
```

在上面的代码中：

第 3 行代码调用 os 模块的 chdir 函数，将工作目录设置为 d:/myproject。

第 4 行代码导入了存储在工作目录下的 model 模块。

第 6 行代码是在当前模块中定义了一个名为 main 的函数。在函数体内，第 7～10 行代码采用"模块名.函数名"的方式，调用了 model 模块中的 fac 函数和 add 函数分别求解了 6 和 15 的阶乘、1～10 的和 1～20 的和；第 11～14 行代码分别将结果输出。

第 17 行代码，判断出当前模块是单独执行的模块，所以会执行第 18 行代码，即调用在本模块中定义的 main 函数。程序运行结果如图 6-3 所示。

细心的读者可能已经注意到了，导入的 model.py 文件中的第 17～21 行代码没有被执行。这是因为导入后的 model.py 中的 __name__ 的值是模块名"model"，不是"__main__"，所以导入后 model 中"if __name__ == "__main__":"以后的代码不会被执行。

```
6! =720
15! =1307674368000
1+2+...+10=55
1+2+...+20=210
```

图 6-3　例 6-2 运行结果

2）from import 方式导入模块

import 是将整个模块导入，也可以使用 from import 将模块中需要使用的标识符（变量名、函数名等）直接导入到当前环境，在使用时就不需要在它们前面添加模块名了。其语法格式如下：

```
from 模块名 import 标识符 1,标识符 2,…,标识符 N
```

【例 6-3】　导入 model.py 模块中的 fac 函数。

```
1    import os
2    #设置当前的工作目录为 d:/myproject
3    os.chdir('d:/myproject')
```

```
4    #导入 model 模块中的 fac
5    from model import fac
6    #定义主函数 main
7    def main():
8        result1 = fac(6)
9        result2 = fac(15)
10       print(f'6!={result1}')              #f-String 进行格式化输出
11       print(f'15!={result2}')             #f-String 进行格式化输出
12
13   #判断该模块是单独执行还是被导入执行
14   if __name__ == "__main__":
15       main()
```

在上面的代码中,第 8~9 行代码直接调用了 fac 函数,而非 model.fac。

如果要使用 model.py 模块中的全部内容,可以使用 **from model import** *。这样就可以使用 model.py 文件中的任何函数、变量等标识符了,调用时就不需要再加模块名 model 了。

6.4 Done——实际动手解决问题

6.4.1 简易志愿录取系统的算法设计

我们只实现一个简易志愿录取系统。下面对该算法进行相关设计。

1. 基础准备、系统登录及功能选择界面

1)Python 库和数据的准备

(1)加载第三方库 os 和 pandas。

(2)定义各函数要用到的全局变量。

(3)将"录取工作人员.csv"文件中的数据存储到 DataFrame 对象 df_user。用 Excel 打开"录取工作人员.csv",文件内容如图 6-4 所示。

(4)将"招生计划.csv"文件中的数据存储到 DataFrame 对象 df_plan 中。

工号	姓名	联系电话
U01	伯乐	66666666
U02	诸葛亮	88888888
U03	孔丘	99999999

图 6-4 录取工作人员信息

(5)将"志愿填报结果.csv"文件中的数据存储到 DataFrame 对象 df_application 中,该文件包含了所有考生填报的 6 个平行志愿。

(6)设置存储平行志愿填报结果的文件,如 resultfile_path = 'd:/myproject/志愿录取结果.csv'。

2)用户登录的处理流程

(1)显示欢迎信息,提示用户输入工号。

(2)如果用户输入的工号存在,则显示欢迎使用本系统,并进入功能选择界面;否则,提示用户登录错误信息,转到(1)。

3)定义功能选择函数 menu

功能选择的约定如下:

（1）输入 1,进入志愿录取模块。

（2）输入 2,退出系统。

（3）输入其他,输出"您的输入有误,请重新输入!"。

2. 录取功能设计

在进行平行志愿录取时采取"分数优先、遵循志愿、一次投档、不再补档"的规则进行录取。录取时,按照考生位次,依次检索每名考生填报的院校专业志愿,结合院校招生计划和考生填报的志愿顺序进行录取。平行志愿录取流程如图 6-5 所示。

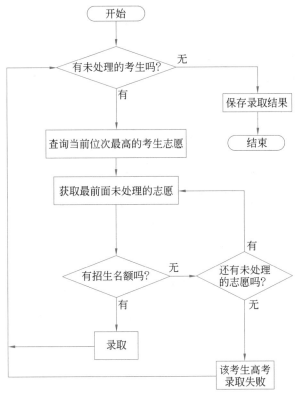

图 6-5　平行志愿录取流程图

录取处理流程描述如下:

（1）如果还有考生的志愿没有处理:

① 选择当前位次最高的考生;

② 获取该生最前面还没有处理的志愿;

③ 如果该志愿还有名额,则该生被录取,转到（1）;

否则:

　　如果已经是该生的最后一个志愿,则该生没有被任何院校录取,转到（1）;

　　否则,重复②和③,直到该生录取或没有任何院校录取;

否则,执行（2）。

（2）已完成所有考生的录取,将保存录取结果,结束录取。

6.4.2 任务划分

根据我们对录取系统的算法设计,可以将任务划分给不同的人,并且进行接口的约定,整个系统由多人协同完成。表 6-1 是我们对任务的一种划分。

表 6-1 "志愿录取系统"任务划分、接口约定及功能描述

开发人员	负责任务及接口约定

开发人员 1	模块名:public.py
	任务:
	● 系统用到的公共库的管理
	  ◆ pandas 别名 pd
	● 公共变量管理
	  ◆ 当前工作目录:mycwd
	  ◆ 录取工作人员文件:userfile
	  ◆ 招生计划文件:planfile
	  ◆ 志愿填报结果文件:applicationfile
	● 公共数据文件的读入
	  ◆ 工作人员数据:DataFrame 对象 df_user
	  ◆ 招生计划数据:DataFrame 对象 df_plan
	  ◆ 志愿填报数据:DataFrame 对象 df_application

开发人员 2	模块名:admission.py 任务:实现录取功能,并将录取结果存入全局变量 applicationfile 指定的文件中 ● 导入 public 模块 ● 录取函数:admission()
开发人员 3	模块名:main.py 任务: ● 设置工作目录:mycwd,假设为 'd:/myproject/admission' ● 导入 public 模块和 admission 模块 ● 用户登录函数:User_login() ● 功能选择函数:menu() ● 流程控制函数:main()

6.4.3 系统实现

6.4.3.1 开发人员 1 的实现

实现开发人员 1 任务的完整代码如下:

```
1    %%writefile public.py
2    #加载第三方库
```

```
3    import pandas as pd
4
5    #定义全局变量
6    resultfile_path = '录取结果文件.csv'              #设置录取结果文件
7
8    #获取数据到 DataFrame 对象中
9    df_user = pd.read_csv('录取工作人员.csv')
10   df_plan = pd.read_csv('招生计划.csv')
11   df_application = pd.read_csv('志愿填报结果.csv')
```

6.4.3.2　开发人员 2 的实现

1. 生成招生计划字典（PlanDictiory）

为了提高查询效率,能够根据志愿快速检索某院校某专业的招生计划,将定义一个生成 admission_quotas 字典的函数 PlanDictiory,admission_quotas 字典是一个嵌套字典,格式为:{'院校名称 1':{'招生专业 1':招生人数,'招生专业 2':招生人数,'招生专业 3':招收人数,…},…},数据来自存储招生计划数据的 DataFrame 对象 df_plan。

2. 平行志愿录取（admission）

定义 admission 函数,实现图 6-5 的平行志愿录取流程。由于志愿填报数据已经按照考生位次升序排列完成,所以志愿录取时只需要使用 DataFrame.iterrows()方法依次获取每一名考生的志愿填报数据,结合对应院校的招生计划 PlanDictiory 字典中的信息,对考生进行志愿录取即可。

实现志愿录取功能的完整代码如下:

```
1    %%writefile admission.py
2    #导入 public 模块
3    from public import *
4
5    #定义全局变量
6    admission_quotas = {}                    #用于存放{院校名称:{专业名称:招生人数}}的字典
7
8    #定义将招生计划转化成字典{院校名称:{专业名称:招生人数}}的函数
9    def PlanDictiory():
10       global admission_quotas
11       for index,row in df_plan.iterrows():
12           college_name = row[1]                 #院校名称
13           major_name = row[3]                   #专业名称
14           number = int(row[4])                  #招收人数
15           if college_name not in admission_quotas:
16               admission_quotas[college_name]={}
17           admission_quotas[college_name][major_name]=number
18
19   #定义录取函数
20   def admission():
21       global admission_quotas                   #使用全局变量
22       admission_results =[]                     #定义用于存放录取结果的列表,局部变量
23       PlanDictiory()                            #调用函数生成招生计划字典
24       for index, student in df_application.iterrows():
25           admission_successful = False          #设置录取标志,初始化为还没有录取
```

```
26          for i in range(1,7):                              #默认为6个志愿
27              college = student['报考院校'+str(i)]
28              major = student['报考专业'+str(i)]
29              if admission_quotas[college][major] > 0:
30                  admission_results.append({'准考证号': student['准考证号'],\
31                  '姓名': student['姓名'], '排名': student['位次'], '录取院校':
32                  college,\'录取专业': major})
33                  admission_quotas[college][major] -= 1 #还能录取的人数减1
34                  admission_successful = True            #设置该生被当前志愿录取
35                  #print(f'祝贺{student["姓名"]},被{college}学校{major}专业录取')
36                  break
37          if not admission_successful:
38              admission_results.append({'准考证号': student['准考证号'],\
39              '姓名': student['姓名'], '排名': student['位次'], '录取院校': '未录取', \
40              '录取专业': '未录取'})
41              #print(f'{student["姓名"]}很遗憾,未被任何院校录取')
42      #将录取结果保存为CSV文件
43      result_df = pd.DataFrame(admission_results)
44      result_df.to_csv(resultfile_path, index=False)
45      print(f'录取已完成,结果已保存到{resultfile_path}文件中!')
46
47  #判断该模块是单独执行还是被导入执行
48  if __name__ == "__main__":
49      admission()
```

6.4.3.3 开发人员 3 的实现

开发人员 3 要按照前面设计的算法,实现用户登录函数 User_login、用户功能选择函数 menu 和整个系统的主控函数 main。还要定义一个判断数是否是数值的函数,以防用户在进行功能选择时的异常输入。

实现程序流程控制的完整代码如下:

```
1   #%%writefile main.py
2   #设置工作目录
3   import os
4   mycwd = 'd:/myproject/admission'
5   os.chdir(mycwd)
6
7   #导入public模块和admission模块
8   from public import *
9   from admission import *
10
11  #定义用户登录函数
12  def User_login():
13      print('****************************************************')
14      print('欢迎使用简易平行录取填报系统!请输入您的工号登录系统')
15      while True:
16          UserNo=input('请输入您的工号:')
17          if UserNo in df_user['工号'].values:
18              i_index = df_user['工号']==UserNo
19              UserName = df_user.loc[i_index,'姓名'].values[0]
20              print(f'{UserName},恭喜您,登录成功!')
```

```
21              break
22          else:
23              print('登录失败!请输入正确的工号')
24
25  #定义一个数是否是数值的函数
26  def is_integer_input(input_str):
27      try:
28          int(input_str)
29          return True
30      except ValueError:
31          return False
32
33  #定义功能选择函数
34  def menu():
35      while True:
36          print('****************************************************')
37          print('欢迎使用简易平行志愿录取系统!请输入数字选择相应功能:')
38          print('        1.开始录取 \n        2.退出系统')
39          print('****************************************************')
40          choose_1=input()
41          if is_integer_input(choose_1) and eval(choose_1)==1:
42              admission()                          #调用录取函数
43              print('谢谢使用本系统,再见!')
44              break                               #退出系统
45          elif is_integer_input(choose_1) and eval(choose_1)==2:
46              print('谢谢使用本系统,再见!')
47              break                               #退出系统
48          else:
49              print('您的输入有误,请重新输入')
50
51  #定义主控函数
52  def main():
53      User_login()
54      menu()
55
56  #判断该模块是单独执行还是被导入执行
57  if __name__ == "__main__":
58      main()
```

运行上面的代码,用户如果选择"开始录取"会在工作目录"D:\myproject\admission"生成一个名为"志愿录取结果.csv"的文件,程序运行结果如图 6-6 所示。用 Excel 打开"志愿录取结果.csv"文件,文件中的部分数据如图 6-7 所示。

```
****************************************************
欢迎使用简易平行录取填报系统! 请输入您的工号登录系统
请输入您的工号: U01
伯乐, 恭喜您, 登录成功!
****************************************************
欢迎使用简易平行志愿录取系统! 请输入数字选择相应功能:
    1.开始录取
    2.退出系统
****************************************************
1
录取已完成, 结果已保存到录取结果文件.csv文件中!
谢谢使用本系统, 再见!
```

图 6-6　程序运行结果

准考证号	姓名	排名	录取院校	录取专业
KS07784	郑恺	1	未来医疗技术学府	神经重构
KS03681	臧红	2	智能城市与可持续发展学府	智能交通管理
KS03759	堪雯	3	医疗影像诊断技术学院	逻辑学
KS05300	姚媛媛	4	医疗影像诊断技术学院	医疗图像处理
KS09452	许强	5	医疗影像诊断技术学院	人体影像解剖学
KS00135	狄笑	6	医疗影像诊断技术学院	医疗图像处理
KS05691	成致	7	数字化艺术设计学院	交互设计
KS06673	项恺	8	生物多样性与保护研究所	工商管理
KS02660	赵冉	9	智慧城市规划研究所	智能建筑设计
KS02662	庞允	10	生命科学与生态学院	生物化学研究
KS03518	董云	11	医疗影像诊断技术学院	人体影像解剖学
KS01275	李红	12	智慧城市规划研究所	城市数据分析
KS04125	祁一	13	医学奇迹研究所	免疫增强技术
KS04615	杨家	14	网联城市规划研究所	网联城市规划
KS08586	宋然	15	未来交通科技学院	交通数据分析
KS02473	卫然	16	区块链与加密技术学府	区块链数字金融
KS07683	祝芳	17	全息艺术学院	虚拟雕塑

图 6-7　录取结果文件部分数据

6.5 Whether——评价与反思

我们实现了一个非常简单的志愿录取系统,并通过此系统的实现了解了多人协同开发程序的方法。

我们前面只模拟了 1 万人的高考平行志愿录取,并且对很多情况进行了简化。对程序中可能出现的异常也没有充分考虑。例如,大部分省的高考人数是几十万人,用文件的形式管理相关数据就存在明显的缺陷;招生计划和志愿填报结果中,我们使用的是院校名称和专业名称文本文件,程序中也通过字符串的简单匹配进行查询。目前我们的程序还有很多功能没有实现,还有很多隐患,而且效率不高,用户界面也不美观,还存在无法在网络上使用等问题。

我们只是通过完成平行志愿录取系统,对如何使用 Python 解决一些问题有了了解。如果要开发一个真正的应用系统,还会遇到很多问题。例如,读者可能经常会遇到这样的问题,在工作目录下有自己定义的模块,但导入的模块就是不对。这是因为,Python 在导入模块时,如果遇到了同名模块的情况,它会根据 sys.path 中的顺序来查找和导入模块。如果工作目录下的模块与 sys.path 中其他位置的同名模块冲突,而 Python 先找到了其他位置的模块,那么就会导入那个模块,而不是工作目录下的模块。

因此,如果想要熟练编写程序,我们还需要学习,多加练习,在学习中会遇到各种各样的问题,在不断解决问题的过程中,才能逐渐掌握 Python 语言。仅仅是上了几次课,做了几个练习,是远远不够的。另外,想要编写一个有使用价值的应用程序,还需要学习很多专业知识,如软件工程、数据库、开发框架、UI 设计等,同样需要不断磨炼。感兴趣的读者可以自己继续拓展学习。

在 AI 智能化不断飞速进步的今天,大量编程工作能够被 AI 取代,那么对于程序设计,我们应该学习哪些知识? 要深入到什么程度? 要在哪个层面上与计算机或 AI 打交道?

6.6　动手做一做

6.6.1　知识积累

（1）阅读、编辑并运行例 6-1～例 6-3 的 Python 程序，了解和掌握 Python 中的多模块结构如何支持多人协同开发程序。

（2）阅读、编辑并运行 6.4 节平行志愿录取的 Python 程序（可扫描下面的二维码），生成你自己的"志愿录取结果.csv"文件。

扫描二维码获得简易平行志愿录取系统全部代码和数据文件。

扫描二维码获得所有考生志愿填报结果文件"志愿录取结果.csv"。

6.6.2　项目实战

项目小组根据详细设计、对任务进行分解，由多人协同完成。

第7章　实现简易录取结果查询系统

——简单数据分析及可视化

> **本 章 使 命**
>
> 解决"使用 Python 语言实现高考平行志愿录取算法"这一任务的最后一个子任务——志愿录取结果查询;同时,初步使用 Python 进行简单的数据分析及可视化。

7.1　Question——提出问题

我们已经使用 Python 完成了高考平行志愿录取的主体任务,并已将志愿录取结果以文件形式存储下来。接下来要完成的最后一个任务就是录取结果查询。不同用户有不同的查询需求,如考生和院校会查询不同的信息。

除了以文字形式呈现录取结果外,以图表形式可以更直观地展示录取结果。另外,我们可以通过图表呈现出高考平行志愿录取任务中的相关数据,从而发现数据中更多的规律和特点。

如何合理设计并用 Python 实现录取结果查询系统呢?

7.2　What——探索问题本质

前面我们已经将录取结果存储在"志愿录取结果.csv"文件中。录取结果查询就是对"志愿录取结果.csv"中的相关信息进行查询。

考生、院校和高考管理人员均有查询录取结果的需求。

- 考生可以按照准考证号查询是否录取,如果录取的话被哪所院校的哪个专业录取。
- 院校根据院校名称和专业名称查看各个专业的录取情况,以便未来合理设置招生计划。
- 高考管理人员对全国院校的录取情况进行查询,以便更好地指导高考工作。

通过前面的学习,我们已经具备了实现上述查询的能力,并将结果用文字的形式显示出来。考生录取结果的查询比较简单,可以直接使用文字展示录取结果。但是,院校部分相对比较复杂,首先有些院校招生专业较多,有些专业招生人数也较多,如果单纯以文字形式呈现录取结果会不够直观。

"字不如表,表不如图",查询结果可以根据需要以图表的形式呈现出来,直观地反映数据特征。数据可视化就是将数据和信息转化为图形或图表,以便于用户理解和分析的技术。

因此,本章的任务就是根据三类用户的查询需求,合理设计并用 Python 实现各自的查询功能,并实现部分查询结果的数据可视化。

7.3　How——拓展求解问题必备的知识和能力

通过前面的学习和练习,我们已经知道使用 Python 实现录取结果查询系统的基本方法了,实现方法与"平行志愿录取系统"类似。但是对于"多用户登录同一个系统,根据不同的用户类型进行不同的查询处理",我们还不知道如何处理;对于"使用 Python 进行数据的可视化",我们也不知道如何处理。

面对问题没有任何头绪时,不要忘了及时寻求 AI 工具的帮助。

7.3.1　AI 助学

我的问题 1:Python 如何实现多用户登录同一个系统,并根据不同的用户类型进行不同的查询处理?

文心一言回答:在 Python 中实现多用户登录同一个系统,并根据不同的用户类型进行不同的查询,通常涉及以下几个关键步骤。

(1)用户认证:验证用户提供的用户名和密码是否正确。

(2)用户类型识别:确定登录用户的类型(如管理员、普通用户等)。

(3)权限控制:根据用户类型,限制或允许访问特定的系统资源或执行特定的操作。

以下是一个简单的示例,展示如何使用 Python 和 SQLite 数据库来实现这些功能:

(以下略)

我的问题 2:如何使用 Python 进行数据可视化?

文心一言回答:Python 是一种功能强大的编程语言,可以用于各种任务,包括数据可视化。有许多库和工具可以帮助你在 Python 中创建出漂亮且易于理解的可视化图表。以下是一些常用的 Python 数据可视化库。

(1)Matplotlib:是 Python 中最常用的数据可视化库之一。Matplotlib 提供了大量的绘图功能,包括线图、散点图、柱状图、饼图等。

(2)Seaborn:基于 Matplotlib 的一个更高级的库,它提供了更美观的默认样式和更简洁的 API,使得绘图变得更加简单。Seaborn 特别适合绘制统计图形。

(3)Plotly:是一个交互式的数据可视化库,可以创建出各种高质量的图表,包括 3D 图表。Plotly 的图表可以在网页上直接交互,非常适合展示和分享。

(4)Bokeh:另一个用于创建交互式图表的库,支持大数据集的可视化,并且可以与

Flask 和 Django 等 Web 框架集成。

（5）Geopandas 和 Folium：如果你需要处理地理空间数据，这两个库非常有用。Geopandas 是 Pandas 的扩展，用于处理地理空间数据；而 Folium 则可以用于在地图上绘制数据。

下面是一个使用 Matplotlib 创建简单折线图的示例：

```python
import matplotlib.pyplot as plt
import numpy as np
#创建数据
x = np.linspace(0, 10, 100)
y = np.sin(x)
#创建图表
plt.figure()
plt.plot(x, y)
#添加标题和标签
plt.title('简单的折线图')
plt.xlabel('X 轴')
plt.ylabel('Y 轴')
#显示图表
plt.show()
```

对于更复杂的数据可视化需求，可能需要结合使用多个库，或者学习一些数据可视化的最佳实践和设计原则。同时，理解你的数据和受众也是非常重要的，因为这将影响你选择哪种类型的图表以及如何设计这张图表。

通过 AI 工具的回答，我们大致可以确定，实现录取结果查询系统分三步：①多用户登录；②识别用户类别；③分别执行不同的操作。另外，Python 提供了很多数据可视化库。

现在，我们有了学习方向和具体的目标，而且每一步学习都可在 AI 工具的帮助下进行。

7.3.2 多用户密码登录

我的问题：如何用 Python 实现多用户密码登录？

文心一言回答：要实现多用户密码登录功能，需要一个存储用户名和密码的数据库或文件，然后编写一个程序来验证用户输入的用户名和密码是否正确。下面是一个简单的示例，演示如何使用 Python 和字典来实现多用户密码登录。

首先，创建一个字典来存储用户名和密码：

```python
#用户数据库,使用字典存储用户名和密码
users = {
    'user1': 'password1',
    'user2': 'password2',
    'user3': 'password3',
    #添加更多用户...
}
```

然后，编写一个函数来处理登录逻辑：

```
def login():
    while True:
        #获取用户输入的用户名和密码
        username = input("请输入用户名: ")
        password = input("请输入密码: ")
        #检查用户名和密码是否匹配
        if username in users and users[username] == password:
            print("登录成功!")
            #在这里可以添加用户登录后的操作,如进入主菜单
            break                                #跳出循环
        else:
            print("用户名或密码错误,请重试。")
#调用登录函数
login()
```

AI 工具已经帮助我们解决了"多用户密码登录"的问题。结合前面的学习,我们已经有能力解决"多用户登录同一个系统,根据不同的用户类型,进行不同的查询处理"问题了。下面还需要学习数据可视化的基本方法,以便对查询出来的数据进行可视化展示。

7.3.3　Pandas 中几个数据统计的方法

下面是 Pandas 库中几个数据统计的方法。

1. value_counts()方法

Pandas 提供的 value_counts()方法用于统计序列(如 Series 对象)或 DataFrame 中某一列的唯一值出现的次数,并返回一个按次数降序排列的 Series 对象。该方法具体语法如下:

value_counts(normalize=False, sort=True, ascending=False, dropna=True, *)

其中,主要参数的含义如下。

- normalize:如果为 True,则返回的是每个值占总数的比例,即每个值出现的频率,而不是原始计数;如果为 False(默认值),则返回的是原始计数。
- sort:如果为 True(默认值),则根据计数对输出进行排序。
- ascending:如果为 True,则按升序排序输出;如果为 False(默认值),则按降序排序。
- dropna:如果为 True(默认值),则不包括计数中的 NaN 值。

【**例 7-1**】　使用 value_counts()方法统计报考各专业的人数。

```
1   import pandas as pd
2   majors=[
3   ['张珊',700,'太空工程'],
4   ['李思',670,'星际航行'],
5   ['王武',682,'星际航行'],
6   ['欧阳询',720,'书法史'],
7   ['王羲之',750,'书法史'],
8   ['柳公权',715,'书法史']
9   ]
```

```
10  df = pd.DataFrame(majors,columns=['考生姓名','总分','报考专业'])
11  major_counts = df['报考专业'].value_counts()
12  print('----输出 value_counts 的结果----')
13  print(major_counts)
14  print('\n----输出 value_counts 结果中的标签----')
15  print(major_counts.index)
16  print('\n----输出 value_counts 结果中的值----')
17  print(major_counts.values)
```

在上面的代码中：

第 11 行代码使用 value_counts()方法获取 df 数据集中不同专业的条数,该方法所有参数均为默认值,返回的是按照计数降序排列的 Series 对象。

第 13 行代码输出 value_counts()方法返回的 Series 对象值。

第 15 行代码通过 Series.index 可以获取 Series 对象的标签。

第 17 行代码通过 Series.values 可以获取 Series 对象的数值。

程序运行结果如图 7-1 所示。

```
----输出value_counts的结果----
报考专业
书法史      3
星际航行    2
太空工程    1
Name: count, dtype: int64

----输出value_counts结果中的标签----
Index(['书法史', '星际航行', '太空工程'], dtype='object', name='报考专业')

----输出value_counts结果中的值----
[3 2 1]
```

图 7-1　例 7-1 程序的运行结果

2. groupby()方法

Pandas 提供的 groupby()方法可以根据数据的某个或某些字段对 DataFrame 或 Series 进行分组,并对分组执行某些操作。该方法的具体语法如下:

```
groupby(by=None, axis=0, *)
```

其中,主要参数的含义如下。

- by: 指定要分组的字段,即根据哪个或哪些字段进行分组。
- axis: 指定按照哪个轴方向进行分组,默认 0 表示对列分组,1 表示对行分组。

groupby()方法返回一个包含分组信息的 GroupBy 对象。通常在 GroupBy 对象上调用聚合函数或其他方法(如 agg()、apply()等)得到各组的某些计算结果。以下是一些常见的聚合函数。

- mean(): 计算平均值。
- sum(): 计算总和。
- count(): 计算非空元素的数量。
- min(): 计算最小值。
- max(): 计算最大值。
- std(): 计算标准差。

- var()：计算方差。
- median()：计算中位数。
- quantile()：计算分位数。
- unique()：计算唯一值的数量(适用于 Series)。
- size()：返回每个组的行数。
- first() 和 last()：返回每个组的第一个和最后一个值。
- describe()：生成描述性统计信息等。

【例 7-2】　使用 groupby()方法查看报考不同专业的考生平均分数。

```
1    import pandas as pd
2    majors=[
3    ['张珊',700,'太空工程'],
4    ['李思',670,'星际航行'],
5    ['王武',682,'星际航行'],
6    ['欧阳询',720,'书法史'],
7    ['王羲之',750,'书法史'],
8    ['柳公权',715,'书法史']
9    ]
10   df = pd.DataFrame(majors,columns=['考生姓名','总分','报考专业'])
11   mean_totals = df.groupby('报考专业')['总分'].mean()
12   print(mean_totals)
```

在上面代码中,第 11 行代码调用 DataFrame.groupby()方法,按照报考专业列对数据进行分组,返回一个 GroupBy 对象;然后使用该对象的 mean()方法,计算各组总分的平均值,赋值给一个 Series 对象 mean_totals,Series 对象中的 values 值按照降序进行了排序。

```
报考专业
书法史          728.333333
太空工程         700.000000
星际航行         676.000000
Name: 总分, dtype: float64
```

图 7-2　例 7-2 程序运行结果

程序运行结果如图 7-2 所示。

7.3.4　Python 基本的数据可视化方法

7.3.4.1　图表的基本组成

数据可视化的图表种类有很多,绝大部分的图表构成元素基本一致,如图 7-3 所示。

(1) 画布：最外层方框圈起来的区域为画布,所有的绘图操作均在画布上进行。可以设置画布的大小、背景颜色、边框等。

(2) 图表标题：一般用来概括图表的内容,可以设置标题的字体类型、字号、颜色。

(3) 绘图区：内层方框圈起来的区域为绘图区,可以在绘图区绘制各种图形,如柱状图、折线图、饼图、散点图等。

(4) 数据系列：图 7-3 中的一个个条状块是数据系列,可以来自数据表中的一行数据或一列数据。

(5) 坐标轴：水平方向的坐标轴为 x 轴,垂直方向的坐标轴为 y 轴。

(6) 坐标轴标题：可以设置坐标轴的取值区间范围和坐标轴标题等。

(7) 图例：图 7-3 右上角为图例,图例的显示位置同样可以设置。

(8) 网格线：绘图区中水平方向上的一条条浅色实线为网格线,可以设置 x 轴或 y 轴的

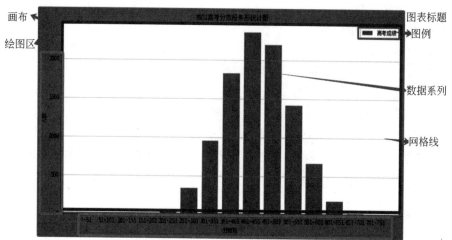

图 7-3　图表基本组成元素

网格线,以及网格线的颜色、宽度、线型、透明度等。

7.3.4.2　Matplotlib 绘图库简介

Matplotlib 是 Python 最基础的第三方绘图库,功能非常强大,只需用几行代码就可以绘制各种折线图、柱形图、直方图、饼图、散点图等。Matplotlib 不仅可以绘制以上最基础的图表,还可以绘制一些高级图表,如堆叠柱形图、渐变柱形图等,还可以绘制三维图表。

提示:Matplotlib 库需要先下载安装到自己的 Python 环境中,才可以通过 import 导入后使用。

使用 Matplotlib 绘制图表有以下步骤:

(1) 导入 Matplotlib.pyplot 模块。

(2) 使用 Matplotlib 模块的绘图方法绘制图表,常用的绘图方法包括:

- plot()方法绘制折线图。
- bar()方法绘制柱状图。
- pie()方法绘制饼图。
- hist()方法绘制直方图。
- scatter()方法绘制散点图。

(3) show()方法显示绘制的图表。

【例 7-3】　使用 Matplotlib 绘制一个有趣的心形图。

```
1   #导入 Matplotlib.pyplot 模块
2   import matplotlib.pyplot as plt
3   #定义心形曲线的参数方程
4   t = np.linspace(0, 2 * np.pi, 1000)
5   x = 16 * np.sin(t)**3
6   y = 13 * np.cos(t) - 5 * np.cos(2 * t) - 2 * np.cos(3 * t) - np.cos(4 * t)
7   #创建图表
8   plt.figure(figsize=(6, 6))
9   #绘制心形曲线
```

```
10  plt.plot(x, y, color='red')
11  #设置使用中文
12  plt.rcParams['font.sans-serif']=['SimHei'] #设置使用中文
13  #设置标题和坐标轴标签
14  plt.title('Matplotlib 绘制的有趣心形图', fontsize=16)
15  plt.xlabel('X轴', fontsize=12)
16  plt.ylabel('Y轴', fontsize=12)
17  #隐藏坐标轴刻度
18  plt.xticks([])
19  plt.yticks([])
20  #显示图表
21  plt.show()
```

程序运行结果如图 7-4 所示。

图 7-4　例 7-3 程序运行结果

绘制图表时,可以通过设置画布、线条颜色、线条样式、坐标轴、网格线、标题、图例等参数,生成个性化的可视化图表。

1. 设置画布

设置画布语法格式如下:

matplotlib.pyplot.figure(num=None,figsize=None, facecolor=None,…)

其中,常用参数的含义如下。

- num:图像编号或名称,可缺省。
- figsize:指定画布的宽和高,单位为英寸,可缺省。
- facecolor:画布背景颜色,可缺省。

2. 设置线条颜色、线形

各个绘图方法都可以通过设置相应参数,设置线条的颜色、线条形状等,常见设置如下。

- color：设置线条颜色，'b'表示蓝色，'g'表示绿色，'r'表示红色，'y'表示黄色等。
- linestyle：设置线条样式，'-'表示实线，'--'表示双画线，':'表示虚线等。
- alpha：设置透明度，取值范围为[0,1]。

3. 设置图表标题和图例

- title()方法用于设置图表标题。
- legend()方法用于设置图表图例。

4. 设置坐标轴

- xlabel()方法用于设置 x 坐标轴标题。
- ylabel()方法用于设置 y 轴标题。
- xticks()方法用于设置 x 轴刻度。
- yticks()方法用于设置 y 轴刻度。
- xlim()方法用于设置 x 轴坐标轴范围。
- ylim()方法用于设置 y 轴坐标轴范围。

5. 设置网格线

grid()方法用于设置网格线。该方法的 color 参数设置网格线颜色，linestyle 设置线形，linewidth 设置网格线宽度，axis 参数设置隐藏 x 轴或 y 轴网格线，alpha 参数设置网格线透明度，取值范围[0,1]。

6. 中文显示问题

如果图表中包含中文，需要通过以下设置避免中文乱码问题：

```
plt.rcParams['font.sans-serif']=['SimHei']
```

若仍无法解决，则可能是计算机中没有'SimHei'字体，可以尝试其他字体。

除了以上常见的设置外，还可以设置图表的文本标签、图表的边距、图表元素的位置等，在此不再展开，有兴趣或有需求的读者可以自行查阅相关文档。

7.3.4.3　使用 Matplotlib 绘图

1. 绘制折线图

折线图可以显示随时间而变化的连续数据，因此，非常适用于显示在相等时间间隔下数据的趋势。

Matplotlib 绘制折线图的方法如下：

```
matplotlib.pyplot.plot(x,y,format_string,…)
```

其中，主要参数的含义如下。

- x：x 轴数据。
- y：y 轴收据。
- format_string：用来控制曲线的格式，包括颜色、线条样式和标记样式。

【例 7-4】　绘制"示例考生数据.csv"文件中的语文、数学和外语成绩的折线图。"示例考生数据.csv"文件中的数据如图 7-5 所示。

准考证号	语文	数学	英语	历史	地理	政治
10001	140	145	138	95	96	89
10002	130	139	146	91	95	80
10003	150	148	148	52	77	62
10004	142	143	147	41	87	79
10005	135	139	138	53	92	97
10006	122	149	150	95	52	76
10007	132	147	141	73	69	87
10008	143	136	136	70	81	85
10009	148	149	129	100	44	62
10010	150	143	135	42	90	68
10011	134	140	147	94	49	70
10012	120	127	143	98	85	90

图 7-5　"示例考生数据.csv"文件中的数据

```
1    #导入 Matplotlib.pyplot 模块
2    import matplotlib.pyplot as plt
3    import pandas as pd
4    df = pd.read_csv('d:/myproject/示例考生数据.csv')
5    x=df['准考证号']
6    y1=df['语文']
7    plt.plot(x,y1,color='r',linestyle='-')      #生成语文成绩折线图、颜色红色、实线
8    y2=df['数学']
9    plt.plot(x,y2,color='y',linestyle='--')     #生成数学成绩折线图、颜色黄色、双画线
10   y3=df['英语']
11   plt.plot(x,y3,color='b',linestyle=':')      #生成英语成绩折线图、颜色蓝色、虚线
12   #设置图表标题
13   plt.title('语文、数学、英语成绩分布折线图',fontsize=14)   #字号为 14
14   #设置图例
15   plt.legend(('语文','数学','英语'))
16   #设置坐标轴标题
17   plt.xlabel('准考证号')                        #x 轴标题为"准考证号"
18   plt.ylabel('成绩')                           #y 轴标题为"成绩"
19   #设置网格线
20   plt.grid(axis='y')
21   #显示绘制的折线图
22   plt.show()
```

程序运行结果如图 7-6 所示。

观察图 7-6,可以看出数据的一些内在特点:如语文成绩的波动最大;10003 考生语文、数学和外语成绩均较高,均在 145 分以上,不偏科等。可见,将数据可视化后,可以帮我们更好地发现数据的特性。

2. 绘制柱状图

柱状图适合在小数据集上对数据进行对比呈现。

Matplotlib 绘制柱状图的方法如下:

matplotlib.pyplot.bar(x,height,width,…)

其中,主要参数的含义如下。

- x:x 轴数据。
- height:为柱子高度,取 y 轴数据。

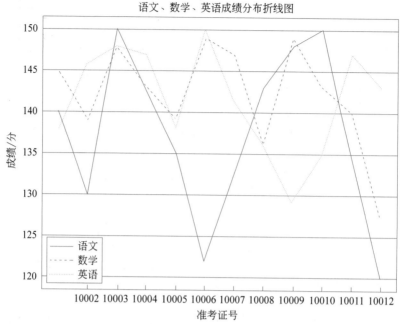

图 7-6 例 7-4 程序运行结果

● width：为柱子宽度，默认为 0.8，可缺省。

其他图表的常见设置与折线图类似。

【**例 7-5**】 绘制专业招生人数柱状图。

```
1    import matplotlib.pyplot as plt
2    import pandas as pd
3    majors=[
4      ['太空工程',2],
5      ['星际航行',29],
6      ['外星人研究',3],
7      ['逻辑学',14],
8      ['行星地质学',7],
9      ['星际法律与政策',2],
10     ['神经重构',63],
11     ['逻辑学',7],
12     ['基因编辑',3],
13     ['神经重构',3],
14     ['生物机械',36]
15     ]
16   df = pd.DataFrame(majors,columns=['专业名称','招生人数'])
17   plt.figure(figsize=(10,6))
18   x = df['专业名称']
19   height=df['招生人数']
20   #绘制柱状图
21   plt.bar(x,height)
22   #设置图表标题
23   plt.title('各专业招生人数柱状图',fontsize=14)        #字号为14
24   #设置坐标轴标题
```

```
25  plt.xlabel('专业名称')              #x轴标题为"专业名称"
26  plt.ylabel('招生人数')              #y轴标题为"招生人数"
27  #设置网格线
28  plt.grid(axis='y')
29  #显示绘制的柱状图
30  plt.show()
```

程序运行结果如图 7-7 所示。

各专业招生人数柱状图

观察图 7-7,可……数最多,其次是生物机械和星际航行专业,招收人数较……际法律与政策和基因编辑。

3. 绘制饼图

饼图常用来显……

Matplotlib 绘制……

matplotlib.pyp……gle,…)

其中,主要参数的含……

- x:每一块饼……
- labels:每一……
- autopct:用于……百分比,可以使用格式化字符串形式。
- startangle:设……正方向逆时针画起。

pie() 方法还有……设置标记绘制位置的 labeldistance 等,有需要或有兴趣的读者可以查阅相关文献。

【例 7-6】 绘制各专业招生人数饼图。

```
1    import matplotlib.pyplot as plt
2    import pandas as pd
3    majors=[
4    ['太空工程',2],
5    ['星际航行',29],
6    ['外星人研究',3],
7    ['逻辑学',14],
8    ['行星地质学',7],
9    ['星际法律与政策',2],
10   ['神经重构',63],
11   ['逻辑学',7],
12   ['基因编辑',3],
13   ['神经重构',3],
14   ['生物机械',36]
15   ]
16   df = pd.DataFrame(majors,columns=['专业名称','招生人数'])
17   plt.figure(figsize=(10,6))
18   x=df['招生人数']
19   labels = df['专业名称']
20   #绘制饼状图
21   plt.pie(x,labels=labels,autopct='%1.1f%%', startangle=90)
22   plt.show()
```

在上述程序中,第 21 行代码中的 autopct='%1.1f%%'用于设置各部分所占百分比的数据格式;'%1.1f%%'表示百分比保留到小数点后一位;startangle=90 设置饼图开始的角度是以 x 轴为基准逆时针转 90 度。

程序运行结果如图 7-8 所示。

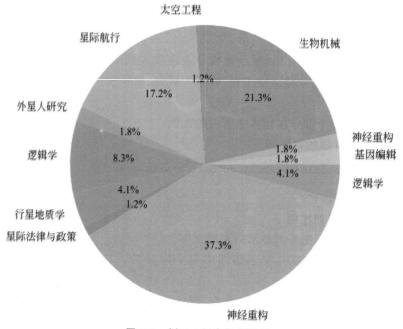

图 7-8 例 7-6 程序运行结果

观察图 7-8,可以直观地看出各个专业招生人数的占比情况。

使用 Matplotlib 还可以绘制直方图、散点图、箱线图、热力图、3D 图等。有需要或有兴趣的读者可以自行查阅相关文档。

7.3.4.4　使用 WordCloud 绘制词云图

词云又名文字云,是一种可视化描绘单词,或词语出现在文本数据中频率的方式,它主要由词汇组成类似云的彩色图形,适用于大量文本数据的可视化展示。文本中出现频率较高的单词或词语,会以较大的形式呈现出来;而文本中出现频率越低的单词或词语,则会以较小的形式呈现。

例如,可以使用词云图呈现专业填报情况,能够非常直观地看出热门专业。

1. WordCloud 简介

词云图的绘制方式有很多种,下面仅介绍使用 Python 常用的第三方库 WordCloud 绘制词云图的方法。

提示:WordCloud 库需要先下载安装到自己的 Python 环境中,才可以通过 import 导入后使用。

下面介绍使用 WordCloud 绘制简单词云的方法,如果读者想要生成不同形状或不同文章的词云,可以自行查阅相关文档。

使用 WordCloud 绘制简单词云有以下步骤:

(1) 导入第三方库 wordcloud。

(2) 使用 WordCloud()方法创建 wordcloud 对象。一个对象用于生成一个词云图,可以通过设置参数生成不同种类的词云。

(3) 根据需求,调用 WordCloud 对象的不同方法生成相应词云。例如:

● generate_from_frequencies(frequencies)方法可以根据词频生成词云。

● generate(text)方法根据文本生成词云。

(4) 保存生成的词云图。to_file(filename)方法将词云保存为文件;to_image()方法将词云保存为图片;还可以借助 Matplotlib 将词云图输出显示。

2. 创建 WordCloud 对象

创建 WordCloud 对象语法如下:

```
WordCloud(width,height,font-path, mask,background_color,scale,…)
```

其中,各个参数的含义如下。

● width:画布宽度。

● height:画布高度。

● font-path:字体路径,绘制中文词云时提供字体路径。

● mask:遮罩,用来设置词云图的形状。为空表示使用默认 mask,非空表示使用指定mask。

● background_color:画布背景颜色。

● scale:按照比例放大画布长宽。

创建 WordCloud 可以设置的参数还有很多,有需要和有兴趣的读者可以查阅资料进一步了解其他参数。

3. 根据文本生成词云图

根据文本生成词云可以使用 generate(text)方法,参数 text 为文本字符串。

【例 7-7】 使用 WordCloud 根据文本绘制英文词云。

假设 WordCloud 库已经下载安装。

```
1    #导入制作词云第三方库 wordcloud
2    import wordcloud
3    #定义词云要展示的文本
4    text = '''ChatGPT represents a significant milestone in
5    the progress of artificial intelligence.Its advancements
6    in natural language processing and beyond demonstrate
7    the vast potential of AI in transforming our world. As
8    we continue to explore and harness the power of AI,
9    it is essential to address the ethical and societal
10   implications that accompany this remarkable technology.'''
11
12   #创建 wordcloud 对象 w
13   w = wordcloud.WordCloud(
14       width=1000,
15       height=600
16   )
17   #调用词云对象的 generate()方法创建词云
18   w.generate(text)
19   #将生成的词云保存为英文词云.png 图片文件
20   w.to_file('英文词云.png')
```

运行程序,将在工作目录下存储一张"英文词云.png"的图像文件,如图 7-9 所示,某个单词字体越大,说明它出现的频率越高。

图 7-9 例 7-7 程序运行产生的图片文件

4. 根据词频生成词云图

根据词频生成词云可以使用 generate_from_frequencies()方法,其语法如下:

```
generate_from_frequencies(frequencies)
```

其中,参数 frequencies 是包含词与词频的字典。

第三方库 collections 中的 Counter()方法可以进行词频统计,返回包含词与词频的字典。

【例 7-8】　使用 WordCloud 根据词频绘制中文词云。

```
1   #导入制作词云第三方库 wordcloud
2   import wordcloud
3   #导入 collections 用于统计词频
4   import collections
5   #导入 matplotlib 用于显示图像
6   import matplotlib.pyplot as plt
7   #专业列表
8   majors = ['神经重构', '智能交通管理', '逻辑学', '医疗图像处理', '人体影像解剖学',
9   '医疗图像处理', '交互设计', '工商管理', '智能建筑设计', '生物化学研究', '人体影像
    解剖学', '城市数据分析',
10  '免疫增强技术', '网联城市规划', '交通数据分析', '区块链数字金融', '虚拟雕塑', '野
    生动物生态学', '未知疾病治疗', '工商管理']
11
12  #创建词云对象 w
13  w = wordcloud.WordCloud(
14      width=1000,
15      height=600,
16      font_path='msyh.ttc',
17      background_color='white',
18      scale=15
19  )
20  #调用 collections.Counter()方法计算词频
21  words_count = collections.Counter(majors)
22  #调用词云对象的 generate_from_frequencies 方法创建词云
23  w.generate_from_frequencies(words_count)
24  #将生成的词云保存为中文词云.png 图片文件
25  w.to_file('中文词云.png')
26  #设置画布
27  plt.figure(figsize=(10, 8))
28  #imshow 用于接收和处理图像
29  plt.imshow(w)
30  #关闭坐标轴,即不显示 x 轴和 y 轴
31  plt.axis("off")
32  #显示图像
33  plt.show()
```

在上述代码中:

第 13~19 行代码在创建词云对象时,除了设置词云的长宽外,还通过 font_path 参数设置了中文字体"msyh.tcc",其中"msyh.tcc"代表微软雅黑字体。程序运行前需要将用到的字体上传到项目中;通过 background_color 参数设置了词云的背景色为白色;通过 scale 参数放大了画布长宽。

第 21 行代码调用 collections 模块的 Counter()方法统计词频,该方法接收的参数为列表类型,返回包含词与词频的字典。

第 29 行代码中 imshow()方法用于接收和处理词云对象,这里可以设置参数修改图片颜色映射和对比度等。

第 31 行代码关闭图像的 x 轴和 y 轴,即不显示 x 轴和 y 轴。

第 33 行代码是将词云输出。

程序运行结果如图 7-10 所示。

图 7-10 例 7-8 程序运行结果

如果图 7-10 的词云图中的数据来自所有考生报考的专业,那么可以直观地看出"人体影像解剖学""医疗图像处理""工商管理"三个专业是最热门专业。

7.4 Done——实际动手解决问题

7.4.1 录取结果查询系统的功能和算法设计

7.4.1.1 确定功能

我们只实现一个简易录取结果查询系统,下面首先确定该系统要实现的简单功能。表 7-1 是按照考生用户、院校用户和高考管理员划分用户类型,分别确定的各类用户的功能。

表 7-1 录取结果查询系统的功能

用 户 类 型	功　　能
考生	查询录取结果,查询结果: 被哪个院校、哪个专业录取或者没有被录取
院校	(1) 查询院校各专业录取考生的平均位次; (2) 查询各专业录取的考生信息
高考工作管理员	(1) 查询高考成绩总体分布情况; (2) 查询热门专业情况

7.4.1.2 算法设计

1. 基础准备、系统登录及功能选择界面

1) Python 库和数据的准备

(1) 加载第三方库 os、pandas、matplotlib、wordcloud、collections。

（2）定义各函数要用到的全局变量。

（3）将存储用户编号、用户名称、登录密码、用户类别等信息的"用户表.csv"文件中的数据读到 DataFrame 对象 df_user 中。其中，所有用户的登录密码初始都设置为 666666。用户类别为 1 的用户是高考管理工作人员；用户类别为 2 的用户是院校工作人员，用户编码为"C"＋院校代码；用户类别为 3 的用户是考生。用 Excel 打开"用户表.csv"，部分用户信息如图 7-11 所示。

▲	A	B	C	D
1	用户编号	用户名称	登录密码	用户类别
2	U01	伯乐	666666	1
3	U02	诸葛亮	666666	1
4	U03	孔丘	666666	1
5	C100001	星际探索学院	666666	2
6	C100002	未来医疗技术学府	666666	2
7	C100003	全息艺术学院	666666	2
8	C100004	未来能源与环境学院	666666	2
9	C100005	智慧城市规划研究所	666666	2
30	KS00001	戴栋	666666	3
31	KS00002	卫国庆	666666	3
32	KS00003	韩倩	666666	3
33	KS00004	臧远	666666	3
34	KS00005	成致	666666	3

图 7-11　用户表部分用户信息

（4）将"招生计划.csv"文件中的数据存储到 DataFrame 对象 df_plan 中。

（5）将"录取结果文件.csv"文件中的数据存储到 DataFrame 对象 df_admission 中。

（6）设置工作目录为 d：/myproject/admission。

2）用户登录的处理流程

（1）显示欢迎信息，提示用户输入用户编码和登录密码。

（2）如果用户输入的用户编码存在，并且登录密码正确，则显示欢迎使用本系统，根据用户类型进行入相应的查询模块。

① 如果是考生用户，则调用考生查询函数 stu_search，给出查询结果后退出查询系统；

② 如果是院校用户，则调用院校用户的功能选择函数 college_menu，进入院校查询界面；

③ 如果是高考管理员用户，则调用高考管理员用户的功能选择函数 manager_menu，进入高考管理员用户查询界面；

否则，提示用户输入的信息不正确，转到（1）。

3）院校用户的功能选择函数及功能实现函数

功能选择函数 college_menu，其功能选择约定如下：

（1）输入 1，查询各专业录取学生的平均位次，调用 college_search_Rank 函数。

（2）输入 2，查询各专业录取考生的信息，调用 college_search_Stu 函数。

（3）输入 3，退出查询，break 退出。

（4）其他，输出"您的输入有误，请重新输入！"，返回到功能选择界面。

4）高考管理员用户的功能选择函数及功能实现函数

功能选择函数 manager_menu，其功能选择约定如下：

（1）输入 1，查询高考成绩总体分布情况，调用 manage_Score 函数。

（2）输入 2，查询热门专业情况，调用 manage_Hotmajors 函数。

（3）输入 3，退出查询，break 退出。

（4）其他，输出"您的输入有误，请重新输入！"。

2. 查询功能设计

1）考生查询函数 stu_search

根据考生编号，查询"录取结果文件.csv"文件中的数据，输出相应查询结果：录取院校名称和专业，或未被录取。

2）college_search_Rank 函数

根据院校编号，查询"录取结果文件.csv"文件中的数据，输出该院校各专业录取学生的平均位次，并以柱状图的形式进行可视化展示。

3）college_search_Stu 函数

首先根据院校编号查询"录取结果文件.csv"文件，输出各专业录取人数的柱状图；然后输入专业名称，查询并输出该院校相应专业录取的所有考生信息。

4）manage_Score 函数

查询"考生位次.csv"文件中的数据，以 50 分为一个分数段，统计各分数段考生的人数，并用折线图的形式进行可视化展示。

5）manage_Hotmajors 函数

查询"录取结果文件.csv"中的数据，对录取人数前十的专业用饼图可视化显示人数占比；对所有专业名称用词云图进行可视化。

7.4.2　任务划分

根据我们对简易录取结果查询系统的功能确定和算法设计，可以将任务划分给不同的人，并且进行接口的约定，整个系统由多人协同完成。表 7-2 是对任务的一种划分。

表 7-2　"录取结果查询系统"任务划分、接口约定及功能描述

开发人员	负责任务及接口约定

开发人员 1	模块名：public.py
	任务：
	● 加载第三方库
	  ◆ import pandas as pd
	  ◆ import wordcloud
	  ◆ 使用%matplotlib inline #确保图形能够内嵌在 notebook 中显示
	  ◆ import matplotlib.pyplot as plt
	  ◆ from collections import Counter
	● 数据文件的读入到公共 DataFrame 变量
	  ◆ 用户数据：DataFrame 对象 df_user
	  ◆ 考生位次数据：DataFrame 对象 df_student
	  ◆ 录取结果数据：DataFrame 对象 df_admission

续表

开发人员	负责任务及接口约定
开发人员 2	模块名：main.py 任务： • 加载第三方库 os • 设置工作目录：mycwd，假设为 'd:/myproject/search' • 导入自定义的 college_search.py 模块和 Student_Manager_search.py 模块 • 用户登录函数：User_login() • 院校查询功能选择函数：college_menu() • 高考管理员查询功能选择函数：manager_menu() • 程序入口：User_login()
开发人员 3	模块名：college_search.py 任务：实现院校查询功能 • college_search_Rank 函数 • college_search_Stu 函数
开发人员 4	模块名：Student_Manager_search.py 任务：实现考生查询和高考管理员查询功能 • stu_search(UserNo) 函数，UserNo 是考生编号的字符串 • manage_Score 函数 • manage_Hotmajors 函数

7.4.3　系统实现

7.4.3.1　开发人员 1 的实现

开发人员 1 任务的完整实现代码如下：

```
1   #%%writefile public.py
2   #加载第三方库
3   import pandas as pd
4   import wordcloud
5   %matplotlib inline                          #确保图形能够内嵌在 notebook 中显示
6   import matplotlib.pyplot as plt
7   from collections import Counter
8
9   #获取数据到 DataFrame 对象中
10  df_user = pd.read_csv('用户表.csv')
11  df_student = pd.read_csv('高考考生位次.csv')
12  df_admission = pd.read_csv('录取结果文件.csv')
```

7.4.3.2　开发人员 2 的实现

开发人员 2 任务的完整实现代码如下：

```
1    #%%writefile main.py
2    #加载第三方库
3    import os
4
5    #设置工作目录
6    mycwd = 'd:\myproject\search'
7    os.chdir(mycwd)
8
9    #导入 college_search 模块和 Student_Manager_search 模块
10   from college_search import *
11   from Student_Manager_search import *
12
13   #定义用户登录函数
14   def User_login():
15       print('*******************************************************')
16       print('欢迎使用简易录取结果查询系统!')
17       while True:
18           InputNo=input('请输入用户编码:')
19           InputPW=input('请输入登录密码:')
20           if InputNo in df_user['用户编号'].values:
21               i_index = df_user['用户编号']==InputNo
22               UserName = df_user.loc[i_index,'用户名称'].values[0]
23               UserPW = df_user.loc[i_index,'登录密码'].values[0]
24               UserType = df_user.loc[i_index,'用户类别'].values[0]
25               if str(UserPW) == InputPW:
26                   print(f'{UserName},登录成功!')
27                   if UserType == 1:
28                       manager_menu()               #调用高考管理员查询功能选择函数
29                       break
30                   elif UserType == 2:
31                       college_menu(InputNo)        #调用院校查询功能选择函数
32                       break
33                   elif UserType == 3:
34                       stu_search(InputNo)          #调用考生查询函数
35                       break
36           print('登录失败!请输入正确的用户编号或登录密码')
37       print('谢谢使用简易录取结果查询系统!再见!')
38
39   #定义一个数是否是数值的函数
40   def is_integer_input(input_str):
41       try:
42           int(input_str)
43           return True
44       except ValueError:
45           return False
46
47   #定义院校查询功能选择函数
48   def college_menu(UserNo):
49       while True:
50           print('*******************************************************')
51           print('欢迎使用院校查询,请输入数字选择相应功能:')
52           print('      1.查询各专业录取学生的平均位次')
53           print('      2.查询各专业录取考生的信息')
```

```
54          print('         3.退出院校查询')
55          print('***********************************************')
56
57          choose=input()
58          if is_integer_input(choose) and eval(choose)==1:
59              college_search_Rank(UserNo)   #调用查询各专业录取考生的平均位次函数
60          elif is_integer_input(choose) and eval(choose)==2:
61              college_search_Stu(UserNo)    #调用查询各专业录取考生的信息函数
62          elif is_integer_input(choose) and eval(choose)==3:
63              break                         #退出系统
64          else:
65              print('您的输入有误,请重新输入')
66
67  #定义高考管理员查询功能选择函数:
68  def manager_menu():
69      while True:
70          print('***********************************************')
71          print('欢迎使用管理员查询,请输入数字选择相应功能:')
72          print('         1.查询高考成绩总体分布情况')
73          print('         2.查询考生报考的热门专业情况')
74          print('         3.退出院校查询')
75          print('***********************************************')
76
77          choose=input()
78          if is_integer_input(choose) and eval(choose)==1:
79              manage_Score()                #调用查询高考成绩总体分布情况函数
80          elif is_integer_input(choose) and eval(choose)==2:
81              manage_Hotmajors()            #调用查询考生报考的热门专业情况函数
82          elif is_integer_input(choose) and eval(choose)==3:
83              break                         #退出系统
84          else:
85              print('您的输入有误,请重新输入')
86
87  #判断该模块是单独执行还是被导入执行
88  if __name__ == "__main__":
89      User_login()
```

不同的用户登录会进入不同的页面。图 7-12 是高考管理员用户输入正确的用户编号和密码登录后,进入的管理员查询功能选择界面。院校用户登录与高考管理员用户登录类似。注意,我们简单地将所有用户的密码都设置为 666666。

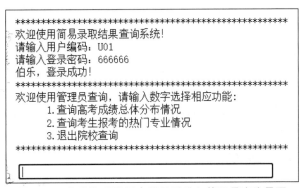

图 7-12　高考管理员用户登录后进入管理员查询界面

7.4.3.3　开发人员 3 的实现

开发人员 3 任务的完整实现代码如下：

```python
1    %%writefile college_search.py
2    #导入 public 模块
3    from public import *
4
5    #定义查询各专业录取考生的平均位次函数
6    def college_search_Rank(UserNo):
7        i_index = df_user['用户编号']==UserNo
8        collegeName = df_user.loc[i_index,'用户名称'].values[0]
9        new_df = df_admission.loc[df_admission['录取院校'] == collegeName]
10       RankbyMajor=new_df.groupby('录取专业')['排名'].mean()
11       print('专业名称         录取考生的平均位次')
12       print(RankbyMajor.to_string(header=False))
13       #绘制柱状图
14       #设置图形尺寸
15       plt.figure(figsize=(12, 6))
16       #创建条形图
17       plt.bar(RankbyMajor.index, RankbyMajor.values)
18       #指定字体
19       plt.rcParams['font.sans-serif'] = ['SimHei','Source Han Sans CN']
20       #添加标题和标签
21       plt.title('各专业平均录取位次柱状图')
22       plt.xlabel('专业')
23       plt.ylabel('平均位次')
24       plt.grid(alpha=0.5,axis='y')
25       plt.legend(('平均位次',))
26       #显示图形
27       plt.show()
28
29   #定义查询各专业录取考生的信息函数
30   def college_search_Stu(UserNo):
31       i_index = df_user['用户编号']==UserNo
32       collegeName = df_user.loc[i_index,'用户名称'].values[0]
33       new_df = df_admission.loc[df_admission['录取院校'] == collegeName]
34
35       #绘制各专业录取人数的柱状图
36       major_counts = new_df['录取专业'].value_counts()
37       plt.figure(figsize=(10,6))
38       x = major_counts.index
39       height=major_counts.values
40       #绘制柱状图
41       plt.bar(x,height)
42       #指定中文字体
43       plt.rcParams['font.sans-serif'] = ['SimHei','Source Han Sans CN']
44       #设置图表标题
45       plt.title('各专业录取人数柱状图',fontsize=14)          #字号为 14
46       #设置坐标轴标题
47       plt.xlabel('专业名称')
48       plt.ylabel('录取人数')
49       #设置网格线
```

```
50        plt.grid(axis='y')
51    #显示柱状图
52    plt.show()
53
54    #查询各专业招收的学生信息
55    while True:
56        major=input('请输入你要查询的专业名称,输入 3 退出:\n')
57        if major=='3':
58            break
59        else:
60            majorStudent = new_df.loc[new_df['录取专业'] == major]
61            if majorStudent.empty:
62                print(f'没有{major}专业:\n')
63            else:
64                print(f'{major}专业录取的学生基本信息为:\n')
65                print(majorStudent.to_string(index=False))
```

假设用户编号 C100015 的院校用户进入查询系统后,如果输入 1,则查询各专业录取考生的平均位次,图 7-13 是查询后的结果。

```
专业名称            录取考生的平均位次
工商管理            2792.593220
森林生态保护          493.600000
水生环境保护         2823.057692
物种保护生物学       4533.800000
生态文明与保护管理      305.50000
野生动物生态学       2065.620690
```

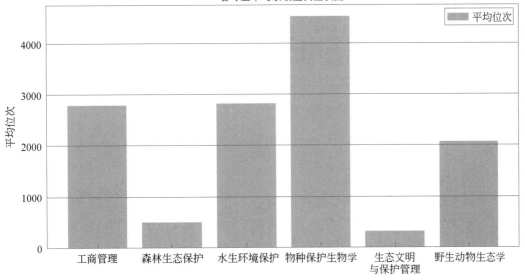

图 7-13　院校用户查询各专业录取考生的平均位次

如果该用户继续查询专业录取的考生信息,则输入 2,首先显示各专业录取人数的柱状图,然后输入要查询的专用名称,显示该专业录取学生的信息。图 7-14 是查询后的结果。

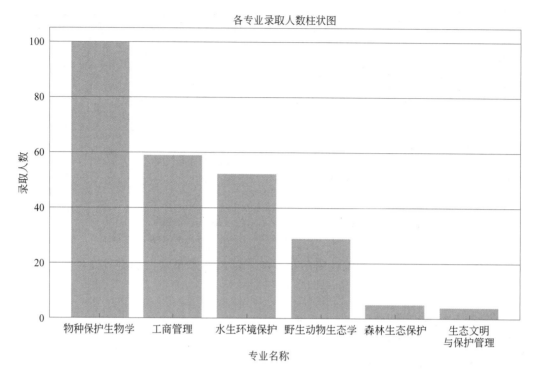

请输入你要查询的专业名称，输入3退出：

图 7-14　院校用户查询某专业录取学生的详细信息

7.4.3.4　开发人员 4 的实现

1. 高考成绩分布（manage_Score）

实现高考成绩分布情况查询的流程如下：

（1）将"高考考生位次.csv"表中获得的所有考生的总成绩存储到列表 list 中。

（2）x 列表保存各分数段描述信息，即 $0\sim49,50\sim99,\cdots\cdots,650\sim699,700\sim750$。

（3）统计列表 list 中，各分数段的考生数量，并将统计结果放到列表 y 中。

（4）以 x、y 为值，绘制折线图。

开发人员 4 的完整实现代码如下：

```
1   #定义 manage_Score 函数
2   def manage_Score():
3       score = list(df_student['总成绩'])
4       delta_score = 50                        #以 50 分为间隔统计分数段
```

```
5          x = []                                   #x轴,分数段
6          y = []                                   #y轴,人数
7          for i in range(0,701,delta_score):
8              if i+49==749:
9                  x.append(f'{i}~{i+50}')
10             else:
11                 x.append(f'{i}~{i+49}')
12             num = 0
13             #该分数段的人数
14             for one_score in score:
15                 if one_score>=i and one_score<i+50:
16                     num+=1
17             y.append(num)
18         #设置图形尺寸
19         plt.figure(figsize=(12, 6))
20         #创建条形图
21         plt.plot(x, y)
22         #指定字体
23         plt.rcParams['font.sans-serif'] = ['SimHei','Source Han Sans CN']
24         #添加标题和标签
25         plt.title('高考各分数段人数折线图')
26         plt.xlabel('分数段')
27         plt.ylabel('人数')
28         plt.grid(alpha=0.5,axis='y')
29         plt.legend(('人数',))
30         #显示图形
31         plt.show()
```

当高考管理员用户选择查询考生成绩分布情况时,程序给出的查询结果如图 7-15
所示。

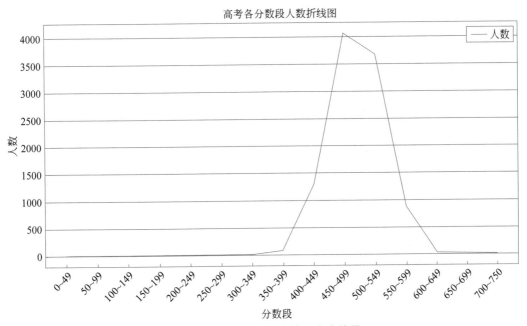

图 7-15　考生成绩分布情况查询结果

2. 热门专业查询(manage_Hotmajors)

由于招生院校在制定招生计划时,热门专业会投放更多的名额。热门专业往往也会有更多的考生报考。因此,在实现热门专业查询时,只需在录取结果中,按专业统计录取的考生人数,并进行降序排序,排在前面的就是热门专业。

完整实现代码如下:

```python
1   #定义 manage_Hotmajors 函数
2   def manage_Hotmajors():
3       #排除未录取的专业
4       new_df = df_admission[~ df_admission['录取专业'].str.contains('未录取')]
5       majors = new_df['录取专业'].to_list()
6
7       #创建词频
8       word_counts = Counter(majors)
9       #获取出现次数最多的前十专业的词频统计字典
10      top_major = word_counts.most_common(10)
11      #初始化专业名称列表 majors,专业人数列表 number
12      majors = []
13      number= []
14      #将录取专业前十的专业名称存至列表 maj 中
15      #将录取专业前十的专业数量存至列表 number 中
16      for major,num in top_major:
17          majors.append(major)
18          number.append(num)
19      #绘制饼图
20      plt.figure(figsize=(10,6))
21      #指定字体
22      plt.rcParams['font.sans-serif'] = ['SimHei','Source Han Sans CN']
                                                              #正常显示中文
23      #设置标题
24      plt.title('录取人数在前 10 名的人数分布饼图')
25      plt.pie(number, labels=majors, autopct='%1.1f%%', startangle=90)
26      #展示图片
27      plt.show()
28
29      #创建词云对象,赋值给 w,现在 w 就表示了一个词云对象
30      w = wordcloud.WordCloud(
31          width=1000,
32          height=600,
33          font_path='msyh.ttc',
34          background_color='white',
35          scale=5
36      )
37      #调用词云对象的 generate_from_frequencies 方法生成词云
38      w.generate_from_frequencies(word_counts)
39      #将生成的词云保存为录取专业词云图.png 图片文件
40      w.to_file('录取词云图.png')
41      #设置画布
42      plt.figure(figsize=(10, 8))
```

```
43    #imshow用于接收和处理图像
44    plt.imshow(w)
45    #关闭坐标轴,即不显示 x 轴和 y 轴
46    plt.axis("off")
47    #显示词云图
48    plt.show()
```

当高考管理员用户选择查询热门专业时,程序给出的查询结果如图 7-16 所示。

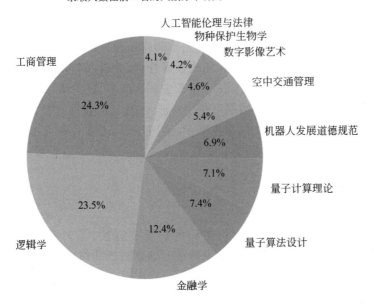

图 7-16 热门专业查询结果

7.5 Whether——评价与反思

7.5.1　Evaluation——评价

我们设计并实现了一个简易的高考录取结果查询系统,该系统根据不同的用户可以进行不同的查询。查询过程中进行了简单的数据统计,部分查询结果以可视化的形式进行呈现。

通过对简易录取结果查询系统的设计和实现,对一个完整的应用程序的开发有了初步了解和感知,对 Python 语法和如何使用 Python 编程完成数据管理、分析和处理有了进一步的熟悉和感知。我们清楚地知道,如果自己用 Python 编程去解决问题,还有太多的东西需要学习。例如,我们只是了解了最基本的几种数据可视化的形式,真正的数据可视化可以实现非常丰富的效果。例如,可视化大屏展示、3D 图像展示、地图展示,还有各种可视化图表,包括热力图、关系图、雷达图、旭日图、漏斗图、桑基图等。

7.5.2　Evaluation——反思

至此,我们仅仅了解了通过高级语言让计算机工作的思维和方法,了解和掌握了Python 最基本的语法。但是,非常重要的是,我们在逐渐养成问题逻辑认知模式,随时注意发现和提出感兴趣的问题,并运用第一性原理的思维,先发现问题本质,寻找解决问题的方法;然后通过学习相关知识和方法,动手解决问题。我们已经愿意走出只关注成绩高低的盲目卷态,更愿意去多关注人类学习的根本和解决问题的逻辑本身,也养成了当遇到问题及时寻求 AI 帮忙,并且批判性地使用 AI 的思维习惯。

当下,教育者和受教育者都在思考这个重要问题,在 AI 智能化不断飞速进步的今天,大量工作(如编程)都能够被 AI 取代,那么人类和 AI 分工的本质界限是什么?受教育者在智能化时代应该学习什么?

当我们忘记教材中所有的 Python 语法,还能记住并在未来自觉运用围绕解决问题而进行探索和学习的 POT_OBE 和 5E,这一普适的认知逻辑和思维习惯将陪伴我们一生,成为更大的动力和能力去解决问题、去创新、去迎接 AI 带来的挑战。

7.6 动手做一做

7.6.1　知识积累

(1) 阅读、编辑并运行例 7-1～例 7-8 的 Python 程序,初步了解和掌握使用 Python 进行简单的数据统计方法和可视化的方法。

(2) 阅读、编辑并运行 7.4 节的 Python 程序,实现简易录取结果查询系统。

扫描二维码获得简易录取结果查询系统全部代码和数据文件。

7.6.2　项目实战

项目小组成员协同完成小组项目,并对成果进行评价与反思。

图 书 资 源 支 持

感谢您一直以来对清华版图书的支持和爱护。为了配合本书的使用，本书提供配套的资源，有需求的读者请扫描下方的"书圈"微信公众号二维码，在图书专区下载，也可以拨打电话或发送电子邮件咨询。

如果您在使用本书的过程中遇到了什么问题，或者有相关图书出版计划，也请您发邮件告诉我们，以便我们更好地为您服务。

我们的联系方式：

清华大学出版社计算机与信息分社网站：https://www.shuimushuhui.com/

地　　　址：北京市海淀区双清路学研大厦 A 座 714

邮　　　编：100084

电　　　话：010-83470236　010-83470237

客服邮箱：2301891038@qq.com

QQ：2301891038（请写明您的单位和姓名）

资源下载：关注公众号"书圈"下载配套资源。

资源下载、样书申请

书 圈

图书案例

清华计算机学堂

观看课程直播